같이 걸을까

미얀 미얀
미얀마

노나리 지음

같이 걸을까

미얀 미얀
미얀마

노나리 지음

목차

사원 외벽 거울장식에 조각조각 비친 미얀마 양곤 쉐다곤 불탑. 어쩌면 이 사진 한 장이, 미얀마에 대한 개인의 관점이 조금씩 바뀌어가는 과정을 담은 이 글 내용 전체를 축약해 보여주고 있는 지도 모르겠다.

photo by Michael Pohlmann
(여행길에 만난 친구가 기꺼이 본인의 촬영 사진 전부를 사용하도록 허락해주었다)

'동남아 아무데나'에서
'더 알고 싶은 나라'로, 미얀마

지긋지긋했다. 영하 20도 미친 겨울 날씨도, 아등바등 그 추위 뚫고 출퇴근해 악쓰며 일하는 것도. 다 지긋지긋해서 일 그만두자마자 따뜻한 데로 잠깐 도망갔다 와야겠다고 맘먹었다. 근데 백수 되면 돈이 별로 없으니까 싼 데로 가야겠지? 아무래도 동남아가 쌀 텐데, 동남아 어디로 갈까? 거기까지 가서 한국 사람들이랑 바글바글 부대끼긴 싫은데 어느 나라가 좀 조용하려나?

그런 생각으로 대충 찾아보고 정한 목적지가 '미얀마'였다. 한국인들 여행 후기가 다른 동남아 국가들에 비해 그리 많지 않은 곳. 나라 자체에 대해 아는 것이라곤 언젠가 TV에서 신비로운 불탑들을 배경으로 장엄하게 해 뜨는 모습을 본 정도였고 기대치도 딱 고만큼이었다. 일출 배경으로 인증샷 좀 찍어주고 열대과일이나 실컷 먹으면서 세월아네월아 '힐링'하고 와야지.

실제로 여행 가서 그리 지냈다. 느지막이 일어나 목적지 없이 슬렁슬렁 돌아다니다가 해 지면 호스텔로 돌아가 과일을 안주로 맥주를 홀짝이는 하루하루였다. 마주치는 이국적인 풍광에 "와~ 신기하다~"라며 사진 몇 장

찍지만 정작 그게 뭔지 잘 모르고 지나쳐버리는 게 보통이었다. 무슨 상관이야. 지금 걷고 있는 이 거리가 태국이든, 라오스이든 아무렴 어때. '싸고 따뜻한 동남아 아무데나'를 찾아 여기로 온 내가 미얀마에 관심을 가질 이유는 딱히 없었고 그러므로 앞으로도 지속적으로 이 나라를 무신경하게 여행할 예정이었다. 한 한국인 여행자를 만나 '그 한 마디'를 듣기 전까지는.

> "여기 사람들 영어가 잘 안 통해서 다니는데 너무 불편해요.
> 영국 식민지였다면서 그런 거 치곤 영어가 너무 안 되지 않아요?"

아, 이 한 마디. 이게 내 안의 어떤 스위치를 눌렀다. 우리나라에 관광 온 어떤 외국인이 "일본 식민지였다는데 그런 거 치곤 여기 사람들 일본어 너무 못하지 않아요?"라고 말하는 장면이 상상됐다. 상상은 비약을 거듭해 "한국에서 막상 일본어가 잘 안 통해서 불편하시죠?"라며 관광객에게 양해를 구하는 한국 사람의 모습까지 떠올랐다. 순간 피가 거꾸로 치솟는 이 기분! 그런데 답답한 것은, 잘못된 발언이라는 느낌적인 느낌은 있으나 '이러저러한 이유로 그 말씀은 적절하지 않아욧!'이라며 지적할 '근거'를 나도 잘 모르겠는 거다. 기껏해야 '똑같이 식민지배 받은 역사가 있는 나라 출신으로서 어떻게 그런 코멘트를 할 수 있어욧!'하며 감정적으로 비난하는 정도이지 상대를 설득할 만한 한 곳이 없어 그저 화만 났다.

도대체 뭐라고 반박해야 했을까 - 답답한 마음에 남은 여행 동안 미얀마에 대해 조금씩 공부를 시작했다. '여기는 어떤 나라인가, 어떤 역사를 거쳐 오늘날까지 왔나, 식민지배는 어떠했나, 지금 이 곳 사람들의 생각은 어떤가'... 관련 내용을 찾아보고 현지인들, 여행자들과 이야기를 나눌수록 한국과의 공통점을 찾으며 감정이입 하는 순간이 늘어나고 자연스레 나의 시각도 조금씩 바뀌어갔다. 언제부터인지 마주치는 사람들, 풍경들 하나하나가 살갑게 다가오는 탓에 더는 이 곳을 단순 '후진국' 취급하며 무감각하게 다닐 수 없게 됐다. '동남아 아무 나라'가 아니라 '미얀마'가 궁금해졌고, '신비로운 동양'으로 미화된 이미지가 아닌 '진짜' 이 곳의 모습은 무엇인지 보고 싶어졌다. 지난 여정 역시, 이전과는 다른 관점으로 다시 거슬러 올라가며 톺아보게 됐다.

아직 답을 찾지는 못했다. 공부는 계속 한답시고 하는데 그저 이 나라에 대한 단편적인 지식만 늘어나는 기분이다. 전과 비교해 많이 나아졌다 자위하지만 여전히 이 곳을 대하는 나의 태도에는 소위 우월감이 잔존한다는 걸 시시때때로 느낀다. 아직 한참 멀었다 - 그럼에도, 이 글을 쓰고 있다. 남들에게 읽힌다는 전제 아래 차분히 적어 내려가다 보면 지금껏 머릿속으로만 찧고 까분 생각들이 일목요연하게 정리되고 또 잘못되거나 허술한 부분을 걸러내 보완할 수 있으리라 믿는다. 나아가 기존에 나와 있는 미얀마에 관한 여러 좋은 글들에 덧붙여 또 하나의 다른 시각, 다른 경험, 다른 고민들을 공유함으로써 제 나름의 기여 역시 할 수 있으리라 믿는다.

생각 없이 떠난 여행에 생각을 끼얹어 돌아왔다. 비어있던 그만큼 무언가는 담아왔다고, 믿는다.

*당시 나의 무식하고 무례한 판단과 언행을 거르지 않고 쓰려 한다. 그래야만 시간이 지나면서 조금씩 달라지는 나의 시선을 제대로 담아낼 수 있을 것이다. 읽으면서 자칫 불쾌한 느낌을 받을 수 있어 미리 양해 말씀 드린다.

미얀 미얀
미얀마

01

양곤

Yangon

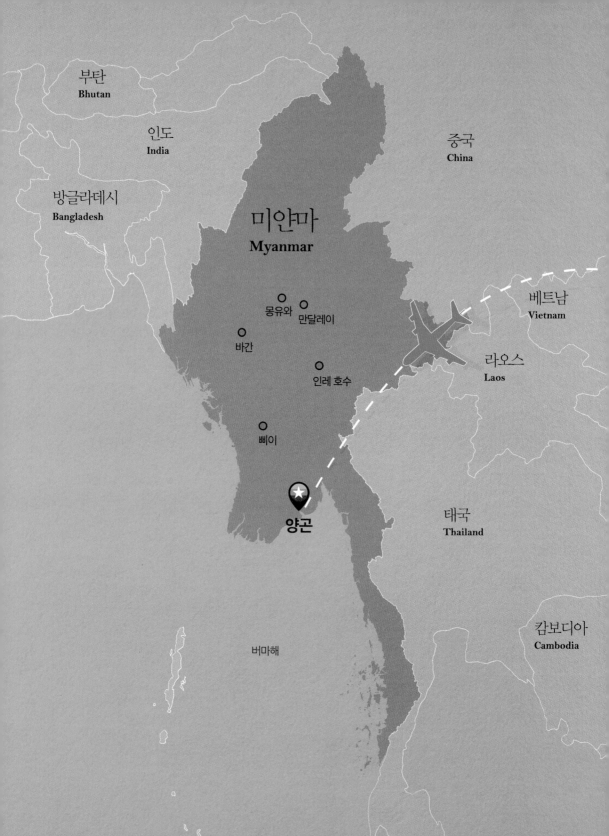

부탄
Bhutan

인도
India

방글라데시
Bangladesh

중국
China

미얀마
Myanmar

몽유와   만달레이

바간

베트남
Vietnam

라오스
Laos

인레 호수

삐이

태국
Thailand

양곤

캄보디아
Cambodia

버마해

심상치 않은 출발

누가 어떤 시선으로 보느냐에 따라 이렇게나 다르다니. 나는 그저 '고달프고 찌들었다'고 무심히 넘긴 양곤 도심 풍경 가운데서 어떻게 이런 예쁜 구석을 찾아가지고 참 예쁘게도 찍어 놓았다.

photo by Michael Pohlmann

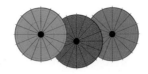

　미얀마 양곤 공항에서 택시를 흥정해 시가지로 들어가는 길, 택시기사는 "차이니즈?"라 물으며 말문을 텄다. 동아시안 외모 소유자가 해외여행 가면 받곤 하는 - 무조건 중국인, 일본인 둘 중 하나일 것이라 지레짐작해 던지는 이 진부한 질문이 너무 오랜만이라 오히려 웃음이 났다.

　"아니, 한국인인데. 왜 중국인이라고 생각했어?"
　"중국인들 여기 많이 오거든. 비즈니스 하러."
　"한국인들은 많이 안 와?"
　"좀 있긴 한데 그래도 중국인들 숫자가 훨씬 많지. 여기 살기도 많이 살고."

　흠. 중국이랑은 이래저래 교류가 잦은가 보구나. 지도앱을 확인해보니 미얀마와 중국이 국경을 맞대고 있다. 얼핏 이 나라가 독재정권 아래 있을 때(미얀마는 1962년부터 2010년까지 약 48년 간 군부독재를 겪었다) 서방국가들이 경제 제재를 하느라 수교를 단절한 틈을 타 중국이 이 곳 시장을 엄청 장악했다는 기사를 읽은 기억도 나고. 화교도 꽤 많다 하니, 내가 여기서 중국인으로 오해 받을 만도 하다 셀프 납득했다. 애초에 미얀마로 행선지를 정한 이유도 여긴 아직 다른 동남아 국가에 비해 한국인 관광객이 드문 것 같아서였으니까 더더욱.❶

한번 대화가 시작되자 택시기사는 "미얀마는 초행이지?"하며 어떻게든 나를 제 개인관광객으로 끌어들이려 이런저런 이야기를 늘어놓기 바빴다. 미얀마 어디에 뭐가 있는데 대중교통으로 가기 힘들고, 최근에 이탈리아 가족 여행객들을 자기가 택시관광으로 모셨는데 다들 엄청 만족했고, 저에게 하루에 얼마만 주면 힘들게 버스 탈 필요 없이 편히 관광을 다닐 수 있고... 뭐, '후진국'에 외국인 관광객이 가면 으레 사람을 '걸어 다니는 지갑'으로만 보는 거 아니겠어? 건성건성 들어 넘기다 슬슬 불편해진 나는 주제를 돌리고자 차 안에 붙여 놓은 부처님 그림 같은 걸 가리키며 "너는 불교도야?"라고 끼어들었다.

❶ 실제로 미얀마는 한국인들에게 어느 정도 인기 있는 여행지일까? 한국관광공사 통계자료에 따르면 2017년 기준 미얀마의 한국인 관광객 수는 6만5천여 명이다. 베트남(240만여 명), 태국(170만여 명), 캄보디아(34만여 명) 등 이웃 나라들에 비하면 턱없이 낮지만, 지난 몇 십 년 간 폐쇄돼 있다가 2011년 본격적으로 개방돼 관광업이 활성화 된 지 이제 겨우 7년차인 걸 감안하면 납득이 가는 숫자다.
라오스의 경우 2014년 TV에서 <꽃보다청춘 라오스편>이 방영되자 그 해 9만6천여 명이던 한국인 관광객 수가 이듬해 16만5천 명으로 훌쩍 뛰었고 갈수록 더 늘어나는 추세다. 미얀마도 국내에 좀 더 자주 또 제대로 소개되면 머지않아 라오스 못잖은 인기 여행지로 떠오를 수 있으리라 믿는다.

"그럼."

"여기 사람들은 불교를 많이 믿어?"

"여기는 대부분 불교신자야."

순간 황당해하는 기사의 표정을 보며 뒤늦게 속으로 도트는 소리를 냈다. 아... 맞다, 여기 불탑이 유명했지? 그거 때문에 관광객들이 찾아오는 거고? 나도 불탑 배경으로 '인생 일출' 보러 갈 거잖아?(나중에 알고 보니 인구 90% 가량이 불교 신자인 골수 불교국가였다) 그러고 보니 여기 불교도들이 다수인데 이슬람교 소수인들(로힝야족)을 탄압해서 문제가 되고 있다는 기사를 봤던 거 같다. 늘 이슬람은 '폭력적인' 종교, 불교는 '평화로운' 종교라는 이미지였는데 그 반대 케이스인 것 같아 혼자 신기해했더랬지.

택시기사가 내게 반문한다.

"넌 종교가 있어?"

"아니"

"넌 이슬람 좋아해?"

이거 어쩐지 민감한 질문인걸. "글쎄? 별로 생각 안 해봤는데?"하니 "난 싫어해"라는 단호한 답이 돌아왔다. 왜냐고 되물으니 어깨 으쓱 눈썹 으쓱 제스처를 취할 뿐. '이슬람이 싫다'는 말을 저렇게 공개적으로 내뱉을 만큼 여기 분위기가 험악한가 봐. 괜히 긁어 부스럼 만들지 말고 빨리 다른 얘기로 옮겨가자 싶어 화젯거리를 찾아 필사적으로 택시 안을 두리번거린다. 그러다 원래는 미터기가 있을 법한 자리에(미얀마 택시에는 미터기가 없다.

타기 전에 흥정을 해야 한다) 미얀마어 글귀 같은 게 하나 붙어 있는 걸 발견하고서 그걸로 뭐라도 얼른 짜내어 질문한다는 게,

"미얀마 글씨 예쁘다. 동글동글 그림 같아. 음... 미얀마 말은 영어로 뭐라고 불러? 미얀마니즈?(이런 단어는 세상에 존재하지 않는다. 나라의 옛 이름 '버마(Burma)'를 딴 '버미즈(Burmese)'가 공식적인 표현이다.)"

아차.

아무리 준비 안 하고 온 여행이라지만 그 나라 인사말을 외워 오진 못할망정 이딴 걸 질문이라고! 당황스러운 마음에 부랴부랴 "오, 나 미얀마에 대해 잘 몰라"라는 변명과 함께 이 실수를 만회할만한 다른 멘트들을 쳐보지만 갈수록 수렁에 빠지는 기분이었다. 떠오르는 대로 급하게 주워섬기다 보니 "글씨가 좀 복잡하게 생겼는데 쓸 때 안 헷갈려?" 같은 어처구니없는 질문이나 하고 있는 형국이라. 참 개념 없는 관광객이라며 속으로 욕하고 있겠지? 그러나 택시기사는 자본주의 정신에 입각해 별 불편한 기색을 내비치지 않고 곧 다시 화제를 '관광'으로 돌려 부지런히 영업을 재개할 뿐이었다.

가시방석에 앉아 한참을 더 가서야 겨우 숙소에 도착했다. 택시기사가 남기고 간 명함을 구겨서 버리면서 "여행 시작부터 소소하게 해프닝 하나 벌였네"라고 한숨 돌린다. 그런데 지금 와 돌이켜보니 단순 해프닝이라기보다는 이번 미얀마 여행 '서곡' 쯤 되는 것 같다. 앞으로 전개될 여행기에는 서곡이 예견하듯, 미얀마라는 나라에 대해 잘 알지 못하는 데다 더 알아

볼 성의도 존중할 마음가짐도 없는 관광객이 저지를 수 있는 다채로운 실수와 결례의 에피소드가 가득하기 때문이다. 부끄럽다. ...그래도 그나마 위안을 하나 찾자면, 여행 후반으로 갈수록 적어도 그게 '좀 부끄러운 줄'은 알게 됐다는 거다.

여전히 펄떡이는
옛 수도

좌우로 늘어선 주상복합건물 사이로 탁발하는 비구니들이 지나가고 있다

같이 걸을까 미얀 미얀 미얀마

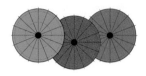

　"이제 뭐하지?" 도착 첫 날 호스텔에 짐을 풀고 나니 할 일이 없어져 난처해졌다. '양곤'❷이라는 도시에 대해서는 미얀마의 옛 수도라는 거 말고는 아무것도 모르고 또 아무 계획도 세운 게 없는데. 그냥 자버리려니 아직해가 중천이고. 망설이다 무작정 밖으로 나섰다.

　낯선 풍광 그리고 낯선 사람들. 슬슬 '내가 외국에 왔구나' 피부로 느껴지기 시작했다. 당장 골목 양쪽으로 늘어선 건물들부터 생소한 정취를 자아낸다. 무덥고 습한 기후 탓인지 곰팡이가 얼룩거리는 외벽에 집과 집, 가게와 가게가 다닥다닥 붙어 있고. 또 그 위로는 이리저리 꼬인 전깃줄, 에어컨 실외기, 위성접시, 툭툭 불거져 나온 빨랫대... 고달프고 찌든 삶을 건

❷ 양곤은 18세기 이래 남부 미얀마의 경제 중심지였다. 19세기 영국 식민지 시절 기존 수도였던 내륙 도시 '만달레이' 대신 바다와 가까운 이 곳을 수도 삼으면서 이름이 '랭군(Rangoon)'으로 바뀌었다. 이후 1989년 미얀마 군부가 이름을 다시 '양곤'으로 바꾸었으며, 2006년 공식 수도는 '네피도'로 옮겨갔지만 양곤은 여전히 미얀마 최대 도시이자거의 모든 것의 중심지이다.

물로 형상화 시킨다면 대충 이런 형태가 나오지 않을까. 예전에 네팔 카트만두에서 본 도시풍경이 문득 떠올랐다. 일자리를 찾아 수도로 몰려 과밀화된 인구 그리고 빈곤. 그래도 살아야 하니까, 머리 붙이고 잘 곳은 필요하니까, 건물 하나에 어떻게든 바득바득 비집고 있던 집들이 여기나 저기나 퍽 닮은꼴이라 - 카트만두보다는 여기 상황이 훨씬 나아보이긴 한다만. ❸ 갑자기 웬 네팔 타령인가 싶은데, 흥미롭게도, 거리에서 마주치는 사람들의 '얼굴' 역시 네팔의 기억을 더듬게 했다. 소위 '동남아스러운' 생김새 말고 피부색이 더 어둡고 이목구비가 부리부리한, '인도스러운' 사람들도 적지 않게 눈에 띄었기 때문이다. 이 사람들은 뭐지? 어디서 온 거지? 혹시 인도에서 온 외국인 노동자인가? 지도앱을 열어보니 아니나 다를까 미얀마 북서부와 인도 동북부 지역 국경이 맞닿아 있는 걸 확인하고서 스스로 세운 가설에 스스로 설득된다(물론 얼토당토않은 소리라는 게 이후에 밝혀지는데, 자세한 내용은 뒤에 쓴다).

하지만 내가 '외국인'임을 가장 뼈저리게 느끼게 한 것은 풍광도 사람도 아닌 이 도시의 도로 상황이었다. 자동차와 오토바이가 빨간불 파란불을 개의치 않고 폭풍 질주하고, 차선의 존재가 무색토록 서로 마구 끼어들며, 사람들 역시 횡단보도에 구애 받지 않고 틈나는 아무데서건 가로지르는 비현실적인 모습은 심리적으로 또 물리적으로 외지 나그네를 압도했다. 혼자서는 길 한 번 건너기가 겁이 나 같이 건너 줄 누군가가 오기까지 도로 앞에서 하염없이 어린아이처럼 서성이는 게 일이었다. 게다가 그 어마

❸ GDP 상으로는 미얀마가 네팔보다 훨씬 순위가 높다. 2017년 기준 미얀마는 전 세계 순위 중 72위를, 네팔은 105위를 차지했다.

어마한 경적소리. 필요할 때만 울리는 게 아니라 "다 비켜!!! 난 절대 안 멈
춰!!!!"라며 저 멀리서부터 빠아아아아앙----! 빵빵빵빵빵!! 닥치는 대로 울
리면서 달려드는데 여기 사람들은 콧방귀도 뀌지 않는다. 여기 운전자들
은 죄다 분노조절장애자에 행인들은 다들 청각에 문제가 있는 게 아니냐
며 욕을 하다가도, 문득 정말 왜 그런 걸까 궁금해지기도 한다. 어쩌면, 도
로 위에서 그토록 서두르고 치대야만 살아남을 수 있는 어떤 치열한 생계
싸움이라도 벌어지고 있는 것일까?★

　하염없이 걸으랴, 도로에서 눈치게임 하랴, 당이 떨어져서 뭐라도 먹어
볼까 재래시장 탐색에 나섰다. 큰 도시라 그런지 웬만한 골목 돌 때마다 크
고 작게 장터가 열려있어 초행인데도 수월하게 구경을 다닌다. 가지, 당근,
감자, 호박 같은 익숙한 작물들이 따뜻한 기후 덕분인지 퍽 익숙하지 않은
굵고 실한 사이즈를 뽐내고. 과일도 수박, 바나나 같은 친숙한 것부터 이름

각자 내키는 데서 길을 건넌다.

모를 낯선 것들까지 탐스런 크기와 선명한 색깔로 존재감을 드러낸다. 여기에 달걀, 생선과 육류, 곡류와 향신료, 그리고 이 모든 것들을 사이에 두고서 고르고 흥정하는 사람들... 재래시장 특유의 활기는 늘 뭐라도 하나 사야할 것 같은 충동을 불러일으킨다. 하지만 정작 군것질 할 만 한 길거리 음식은 눈으로만 실컷 보고 출출한 배는 슈퍼마켓에서 공산품 과자와 주스를 사서 대충 채우기로 마음먹는다. 현지인들이 북적북적 맛있게 먹는 걸 보면서도 도저히 도전할 엄두를 내지 못한다. '먹고 배탈 나면 어떡해?' 부터 '나한테 바가지 씌우면 어떡해?'까지 두려움의 범위는 방대하다. 새삼 빵 포장지 한 구석, 주스병 한 쪽에 붙은 작은 바코드 하나 - '공장제조'를 거쳤으며, '가격흥정'이 필요 없는 상품이라는 인증 - 가 얼마만큼의 사회적 신뢰를 담보하는지 실감한다.

따개비 같은 집, 무법도로, 믿기 어려운 음식. 첫 나들이에서 인상 깊게 본 바들을 나열하자니 부정적인 뉘앙스가 대부분인데도 어쩐지 이 도시가 싫지 않았던 건 왜일까. 생각해보니 대도시 특유의 살아 움직이는 느낌이 여행자의 기운을 북돋았던 것 같다 - 복닥거리는 건물도, 혼잡한 도로도, 곳곳의 노점음식도, 결국 사람이 많아 활기차게 굴러가는 곳에서만 볼 수 있는 것이니까.❹ 비록 그것이 나비의 살아남으려는 부단한 날갯짓을 두고서 '팔랑팔랑 아름답다'고 관조하듯, 이 곳 사람들의 매일매일의 생존투쟁

❹ 2017년 기준 미얀마 인구는 5천5백만 명으로 남한 인구 5천1백만 명과 비슷하지만 국토면적은 미얀마가 남한의 6.8배인 67만㎢에 달한다. 양곤에는 전체 인구의 약 9% 가량인 6백만 명이 사는데, 남한 인구의 20%가 사는 '1천만 도시' 서울과 단순비교하면 얼마 안 되는 것 같지만 국토가 넓은 만큼 흩어지는 인구수를 생각하면 결코 적다고만 볼 수는 없을 것이다.

더러 '생동감 있어 보기 좋네'라고 하는 외부자의 얄팍한 감상일지 모르겠으나.

길목마다 크고 작게 시장이 서 있다

★ 미얀마의 도로 상황에서 '천호동 비틀즈'라는 인터넷 '웃짤' 하나를 떠올린다. 때는 1987년, 올림픽대로 천호동 구간을 도보로 횡단하는 사람들을 뉴스가 포착해 고발한 장면인데 그 모습이 하필 비틀즈의 '애비로드' 앨범 표지와 흡사해 패러디 제목이 붙은 것이다.

올림픽대로를 걸어서 건넌다고? 지금은 상상이 잘 안 되지만 약 30년 전의 이 뉴스에서는 기자가 '자동차 전용도로인 올림픽대로를 무단횡단하는 사람들이 많아 안전운행을 할 수 없다'고 말할 정도다. 무단횡단의 이유로는 '바빠서', '조금 더 걷는 것이 귀찮아서', '조급한 성격 때문에' 등을 짚는다.

바쁜 것, 조금 더 걷는 게 귀찮은 것, 조급한 성격의 사람들이 있는 건 예나 지금이나 마찬가지인데. 왜 그 때는 암묵적으로 이뤄지던 게 지금에는 상식 밖의 행동이 된 걸까. 여러 가지 이유가 있겠지만 경제 발전에 따라 '우선순위'에 대한 우리 사회의 인식이 바뀐 게 큰 몫을 하지 않았나 짐작한다.

한시바삐 '성장'하는데 방점을 찍는 개발도상국에서는 때로 이윤, 효율이 생명, 안전보다도 중시되곤 한다. 이에 '빨리빨리', '하면 된다'며 무리하게 밀어붙이는 기조 아래 '목숨을 걸고서라도 서두르는' 행동도 쉬이 이뤄진다. 하지만 개발도상국에서 벗어나 성장 속도가 더뎌지면 그 때부터는 생명, 안전 보호를 통한 성장의 '지속가능성'을 도모하게 되면서 비로소 '이게 목숨까지 걸어가며 서두를 일인가?'라는 의문도 제시할 수 있게 된다.

그럼 이제 우리 사회는 생명, 안전을 뒷전으로 미루는 개발도상국 특유의 분위기에서 완전히 벗어난 걸까. '안전불감증'이라는 키워드로 뉴스를 검색했을 때 여전히 수없이 쏟아지는 사건사고들을 보자니 아직은 자유롭지 못한 듯하다. 하지만 30년 전 일상의 단면이던 '천호동 비틀즈'가 이제는 '웃짤'로 소비되는 사회가 된 것처럼, 앞으로는 우리나라도 또 미얀마도 조금씩 달라지리라 믿는다.

가볍고도 무거운
순환열차 여행

열차 내부 풍경 / 열차 안에서 행상이 돌아다니며 갖가지 먹을거리를 판다

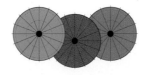

　그래도 남들 간다는 데는 한 번씩 가봐야지. 느지막이 눈을 떠 호스텔 침대에 몸을 파묻은 채 '양곤 가볼만한 곳' 따위의 키워드로 스마트폰 검색을 하다가 '순환열차'라는 걸 꼭 타보라는 글을 발견한다. 양곤 시내와 근교를 한 바퀴 도는, 서울로 치면 지하철 2호선 같은 열차인데 은근 볼거리가 많단다. 이동거리는 얼마 되지 않지만 워낙 천천히 달리기 때문에 완주하는데 3시간이나 소요된다는 점이 특히 마음에 들었다. 이거 한번 타고 오면 오늘 하루 그래도 뭔가 해냈다는 기분이 들겠지.

　지도앱 켜고 기차역까지 어째저째 찾아가 200짯(kyat - 미얀마 화폐단위. 200짯은 여행 당시 환율 기준 약 200원에 해당한다)이라는 놀랍도록 저렴한 순환열차표를 산다. 차량에 올라 멈출 듯 말 듯 느릿한 속도에 몸의 리듬을 맞춰본다. 열린 창틈으로 솔솔 불어오는 바람, 정겹게 철커덩거리는 소리, 묵직한 흔들림이 낮잠 들기 안성맞춤이다. 하지만 의자가 너무 딱딱해서 올 잠도 다 달아났다 - 엉덩이가 곧 네모질 것만 같아. 그나저나 이렇게 느린데 여기 사람들은 별 불만 없으려나. 이 오랜 시간을 뭘 하며 보내려나. 둘러보는데 딱히 별 수라는 게 있을까, 그저 옆 사람 하고 떠들거나 스마트폰 보거나 멍하니 있거나 잠을 잘 뿐이다. 어느 도시 대중교통에서나 볼 법한 일상. 조금 특이한 모습이 있다면 나물 같은 걸 쌓아놓고 다듬다가 찌꺼기는 창밖에 휙휙 던져 처리하는 정도?

몇 정거장이나 지났을까, 지루하게 가라앉아 있던 분위기에 묘한 소요가 일어난다. 하나 둘 행상들이 나타나 뭐라뭐라 광고를 하며 물건을 팔기 시작했다. 물, 아이스크림, 수박, 메추리알, 튀김, 각종 생필품까지 별 게 다 있다. 그 중 화룡점정은 음식. 한 손으론 머리에 인 널찍한 쟁반을, 다른 손으론 작은 의자를 든 아주머니 행상들이 열차 덜컹임에도 아랑곳 않고 돌아다니다 수요가 있으면 곧장 자리를 깔고 앉아 간단한 조리에 들어간다. 썰어놓은 과일에 매운 양념을 뿌려 팔기도 하고, 누른 국수 같은 걸 소스에 비벼 건네기도 한다. 나도 과일을 한번 먹어볼까 했지만 과육 주무르시던 손으로 돈도 주무르시고, 쟁반을 머리에 이고 다음 칸으로 이동할 때 쟁반 위 과육이 열차 손잡이를 모두 훑는 걸 보고 포기했다. 틀림없이 장염에 걸리고 말 거야.

하지만 3시간은 결코 만만치 않았다. 도중에 도저히 허기를 참지 못하고 미얀마에서의 첫 길거리(?) 음식에 도전한다. 뭘 먹어야 위생 걱정을 덜까 고심하다 김이 모락모락 나는 삶은 옥수수를 커다란 바구니에 잔뜩 채운 행상을 두 번 놓치고 세 번째 돼서야 겨우 불러 세웠다. 뜨겁게 익힌 거니까 그나마 낫겠지. 재미있는 건 옥수수 팔기 전에 꼭 껍질 한쪽을 벗겨내 알맹이를 확인시켜 주고 판다는 거. 가짜 옥수수로 사기 치는 사람이라도 있는 걸까. 값이 얼마인지도 모르고 그냥 눈치껏 작은 돈을 내고 거슬러 주는 대로 받았다. 보는 눈이 이렇게 많은데 설마 외국인이라고 후려치지 않겠지. 그렇게 음식의 청결도와 가격을 향한 온갖 불신을 품은 채 먹은 옥수수는 - 와 어쩜 이렇게 맛있어?! 굵고 탱탱한 알이 톡톡 터지면서 달콤한 감칠맛이 입안에 퍼진다. 의심해서 미안해요, 미얀마 옥수수 충성충성.

갑자기 주위가 시끌벅적해졌다. 밖을 내다보니 기찻길 양쪽으로 좌판이 빼곡히 섰다. 아까 출발역에서 사진 찍어놓은 열차노선도를 헤아리며 여기가 노선 중간쯤 위치한 큰 장터(밍글라돈 시장)인가 짐작한다(열차 내에는 안내방송이나 노선도 같은 게 전혀 없다). 이윽고 열차가 서자 사람들이 끊임없이 서로서로 소리를 치며 오르락내리락 하고 각종 농산물이 꽉꽉 들어 찬 부대자루와 비닐봉지가 출입구로 창문으로 수 십 개 씩 쉴 새 없이 밀려들어

열차길 photo by Michael Pohlmann

온다. 비어있던 좌석과 차량 내 통로에 금세 산더미처럼 짐이 쌓이고, 뭔가를 바리바리 이고 진 새 손님들까지 대거 올라타 남은 자리를 메운다. 어찌나 일사분란한 지 잠시 얼이 빠질 지경. 이것들을 다 도심으로 가져다 파는 거겠지? 활력을 잔뜩 실고서 열차는 다시 출발한다.

역에 들를 때마다 짐과 함께 하차하는 승객들로 차량이 비어가고 차올라있던 생기도 점점 빠져나간다. 남은 건 여전히 느릿한 열차주행과 비슷비슷한 창밖 풍경. 밀려오는 지루함에 몸을 비틀다가 차량 내부 여기저기에 적혀 있는 일본어들을 유심히 본다. 아까까지만 해도 '일본회사에서 열차를 깔았나보지?'하며 그냥 넘겼었는데, 곰곰이 생각해보니 인터넷에서 본 여행후기에는 이 열차가 영국 식민지 시절 건설된 거라 했었다. 다시 검색해본 결과 순환열차궤도는 영국이 이 나라를 식민지배(1824-1948년, 그러나 미얀마 영토 전체가 영국에 복속된 것은 1885년 3차 영국-버마 전쟁 이후이다)하는 동안 만든 것이고 차량은 일본에서 중고를 수입해 쓰고 있는 거란다. 그런데 중요한 건, 그 내용을 찾아보는 과정에서 미얀마가 영국 뿐 아니라 일본에게도 3년 간 점령(1942-1945년) 당한 적 있다는 사실을 뒤늦게 알게 됐다는 거다. 역사 무지랭이가 받은 엄청난 충격... 난 몰랐어... 난 무식해...ㅜㅜ

일본이 어쩌다 이 곳까지 마수를 뻗쳤을까. 여기서 '미얀마의 국부'로 추앙받는 '아웅 산' 장군이 등장한다. 영국 식민지배에 앞장서 항거하던 그는 1940년 체포령을 피해 일본으로 건너갔는데, 미얀마를 점령하려면 아웅 산을 적극 이용해야 한다❺고 판단한 일본은 그가 독립군을 양성할 수 있게끔 돕는다. 이에 아웅 산은 1942년 제2차 세계대전을 기해 여태 훈련한 군대 그리고 원조를 약속한 일본군과 함께 고국으로 진격, 마침내 영국을 물리친다. 하지만 일본은 뒤통수를 쳐서 '미얀마 독립'이라는 당초 약속을 어기고 괴뢰정부를 세워 영국보다도 더 잔혹한 식민지배를 시작했다. 아웅 산은 여기에 대응해 제2차 세계대전 끝 무렵인 1945년 영국이 다시 미얀마를 공격해올 때 바로 영국군과 연합해 반격함으로써 일본의 뒤통수를 치고 완전히 몰아낸다.❻

같은 '일본 식민지배 피해국' 출신으로서 일제치하 미얀마는 어땠는지 관심이 가지 않을 수 없었다. 내처 찾아보니 일본은 고작(?) 3년 동안 이 곳에서 참 악랄한 짓을 많이도 저질렀으며(영국도 엄청났지만 일본은 남다른 수준이다) 그에 미얀마 뿐 아니라 한국 등 주변의 다른 아시아 국가들도 함께 희생당했다. 대표적인 예가 미얀마-태국을 잇는 '죽음의 철도(Death Railway)'❼ 건설이다. 일제는 이 철도 공사에 미얀마 뿐 아니라 태국, 인도네시아, 말레이시아 등 아시아 여러 나라❽에서 민간인 20만여 명을 강제 징집해 동원했는데 열악한 작업조건, 일본군의 학대와 고문, 질병, 영양실조 등으로 이 중 10만 명 이상이 목숨을 잃었다. 위안부 피해도 빼놓을 수 없다. 당시 일본군 최전선이었던 이 나라에 우리나라 위안부도 2천 8백여

❺ 당시 중국 북쪽 지역은 일본이 대부분 장악하고 중국 장제스 정부가 나머지 지역에서 맞서 싸우고 있었다. 인도를 점령 중이었던 영국은 일본의 이 예사롭지 않은 세력 확산을 막고자 장제스 정부 돕기에 나섰고, 그 일환으로 중국 남서부의 쿤밍 지역과 미얀마를 잇는 '버마 로드(Burma Road)'를 건설하여 연합군 물자를 보급했다(미얀마 남쪽 양곤 항구로 물자를 들여온 후 중국 쿤밍까지 거슬러 올라가는 식). 따라서 일본은 중국과 인도 사이에 위치한 미얀마를 차지해 이 보급선을 끊어내면 마침내 중국을 완전히 정복하고 나아가 영국령 인도까지 진출할 수 있다고 내다봤다. 이에 일본은 '아시아를 서구침략에서 해방시킨다'는 미명 하에 미얀마를 지원하기 시작한다.

❻ 이후 아웅 산은 1947년 영국 총리 클레멘트 애틀리와 미얀마 독립 기반을 마련하는 '애틀리-아웅 산' 협정을 맺으나 이듬해 맞이할 진정한 독립은 보지 못하고 같은 해 7월 반대파에 의해 암살당한다.

명이 '집중파견'되어 주둔지를 따라 끌려 다니며 가혹행위를 당하다 전투
현장에 버려지고, 자결을 강요받고, 집단학살 당했다고 한다. 이들 위안부
피해자들은 아직 생사나 귀국 여부가 확인되지 않는다.❾

　　갈수록 무게를 덜고 제법 경쾌하게 굴러가던 양곤 순환열차의 막바지
주행을 생각한다. 언제쯤 모두들 발걸음이 홀가분해질 수 있을까. '남 얘
기'가 아니며 '남 얘기'가 될 수도 없는 우리네 아시아 근현대사는 되짚을
수록 슬프고 원통하다. 시간은 흐르지만 상처는 아물기는커녕 자꾸 안팎으
로 덧난다. 가해전범국❿들은 여전히 제대로 된 인정도 사과도 하지 않은
채 당당하다. 부역자들은 과거는 잊고 미래를 향해 나아가야한다는 그럴싸
한 말로 제 떳떳치 못한 행적을 덮는다. 그리고 과거사 해결에 동감은 하지

❼ 인도 침공을 위해 일제가 건설한, 태국의 농 플라 둑(Nong Pla Duk)역-미얀마의 탄비류자얏(Thanbyuzayat)역을
연결하는 총 415km의 철도로 '버마 철도(Burma Railway)'라고도 불린다. 철도 구간이 험준한 산악지대, 가파른 절벽
등을 끼고 있어 난공사 지역이었는데 강제징집한 아시아 식민지역 민간인 20만여 명 및 연합군 포로 6만여 명을 동원
해 맨손과 곡괭이만으로 하루 18시간 노동을 시키면서 건설을 강행해 1년여 만에 완성했다. 특히 난이도가 가장 높았
던 탐파이(Tampaii)-힌 톡(Hin Tok)역 구간 공사 때는 잠도 재우지 않고 노역을 시키려 밤에도 모닥불을 피웠던 데서
'지옥불 구간(Hellfire Pass)'이라는 명칭이 붙을 정도였다고. 이 건설을 강행해 국제군사재판에서 A급 전범으로 처형
당한 일본군인 기무라 헤이타로의 묘는 현재 야스쿠니 신사에 안치돼 있다.

❽ 한국인도 천여 명 징용되었다고 전해지나 당시 한국인은 일본군 숫자에 포함돼 있어 정확히 파악할 수 없다 한다.
출처: 일요신문 '미얀마에서 온 편지 [49] '죽음의 철도'를 걸으며, 2016년 7월 14일, 정선교

❾ 출처: 일요신문 '미얀마에서 온 편지 [24] 버마전선의 조선인 위안부', 2016년 1월 27일, 정선교

❿ 지인과 이 부분에 대해 이야기 나누다 뒤늦게 베트남 입장에서는 한국 또한 가해자였다는 걸 생각하게 됐다. 한국
군의 베트남 민간인 학살 범위/규모에 대한 진상규명, 진정성 있는 사과 여부 등과 관련해서는 아직은 논란이 계속되
고 있는 상황. 한시바삐 이 상황이 정리되어 실질적 해갈로 나아갈 수 있길 바랄 뿐이다.

만 누군가 대신 나서주겠거니 하며 적극적으로 동참하지 않는 관조자들도 거기에 함께 있다. 나도 그 중 하나다.

정말이지, 남 얘기가 아니구나. 부끄럽다. 가볍게 시작한 열차 여행이 무거운 끝을 맞이한다.

아는 만큼만 보는
현지영화 관람기

헐리우드 영화 <메이즈러너> 포스터 왼쪽에 붙어 있는 미얀마 영화 <치리치(gyi lay gyi)> 포스터 (이 영화 제목이 <치리치>라는 건 이후에 삐이라는 도시에 갔을 때 비로소 알게 되었다)

<치리치> 대형포스터. 전통복식 '롱지'(전통복식을 통칭하는 말. 좀 더 세분화하면 남자들의 치마는 '빠소' 여자들의 치마는 '타메인'이라 부른다)부터 볼에 바른 노르스름한 색깔의 전통 썬크림 '타나카'까지, 미얀마 고유의 문화가 자연스레 엿보인다.

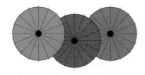

발 닿는 대로 아무렇게나 돌아다니는 하루하루. 이 날도 어김없이 거리를 헤매다 할리우드 영화 <메이즈러너 데스 큐어> 포스터가 붙은 영화관을 발견했다. 여기 사람들도 할리우드 영화 보는구나(!) 하며 신기해하다 문득 이게 미얀마말로 더빙된 영화일지 아닐지가 궁금해졌고, 곧 호기심에 '더빙이든 아니든 그냥 한번 볼까?' 싶어졌다. 더빙이면 하나도 못 알아들을 테니까 내 나름대로 스토리를 추측해나가는 재미가 있을 것이고 더빙이 아니라 미얀마어 자막이라면 영어듣기 열심히 하는 거지 뭐. 가뜩이나 할 일도 없는데. 그러다 아이디어는 점점 더 미친 방향으로 발전했다. 미얀마어 더빙이든 영어 리스닝이든 - 어차피 내용 파악 제대로 안 될 거, 아예 현지 영화를 한 번 봐버릴까?⑪

⑪ 나중에 인터넷에서 '미얀마에서는 외국 영화 상영할 때 더빙은 물론 미얀마어 자막도 깔지 않는다'는 정보를 접했다. 영화 관람이 정말 영화 자체를 소비하려는 목적보다는 저렴한 비용으로 더위나 비를 피하고 시간을 때우기 위한 오락으로 이용되는 경우가 대부분이라 내용 이해 없이 영화 화면만 보고 즐겨도 상관없다 여긴다고.

하지만 곧 난관에 봉착했다. 이 영화들 가운데 어느 것이 '진짜 미얀마 영화'일지 모르겠다는 것. 혹시 인도나 태국 같은 옆 나라 영화가 수입됐을 수 있잖아? 순전히 포스터의 이미지만 보고서 국적을 감별해내는 작업에 들어갔다. '음, <메이즈러너> 바로 옆에 붙은 이 포스터는 여기 길거리에서 남자들이 많이 입고 다니는 보자기 둘둘 감은 거 같은 치마(미얀마 전통복식 '롱지')를 입고 있군.' '우측의 포스터는 좀 무서운 느낌이군. 태국이 공포영화로 유명하니깐 아무래도 태국영화가 아닐까' '맨 왼편에 붙은 영화는 배경이 포도밭이네? 미얀마에 포도가 나나?'

고심 끝에 결국 주인공들이 롱지를 입은 영화를 골랐다. 포스터 메인의 두 남자, 두 여자가 짝 지은 포즈를 보며 줄거리도 나름 추측해봤다. '두 아버지와 두 딸인데, 집안끼리 사이가 안 좋지만 딸들끼리는 친한 거지. 그래서 뭔가 양 집안을 화해시키는 이벤트를 마련하는 내용이 아닐까?' - 결론부터 얘기하면, 충격적이게도 네 남녀는 서로 엇갈린 커플이었다...!(자세한 얘긴 뒤에 마저 적는다)

무려 보안검색대를 통과해 영화관 건물 안으로 진입했다. 매표소로 직진해 아까 찍어놓은 포스터 사진을 보여주며 '몇 시?'라고 물어보니 다행히 곧 상영하는 게 있단다. 앳된 영화관 여자 직원들과 서로 영어로 버벅대며 표 구매에 돌입했다. 근데 계속 '아래? 위?' 이렇게 물어보는 거다. 무슨 뜻이지? 내가 계속 못 알아들으니 결국 직원 한 명이 웃으면서 밖으로 나와 직접 나를 이끌고 상영관 앞으로 데려갔다. 내부를 보여주는데... 우와, 영화관이 복층이야?! 순간 예술의 전당인 줄. 아닌 게 아니라, 웬만한 공연장 저리 가라 싶게 내부도 크고 좌석도 에어컨도 빵빵하고 관객도 남녀노소 엄청 많았다. 비...비싼 거 아닐까? 괜히 쫄았는데, 1층은 2000짯(약

(좌)영화관 내부 / (우)영화표. '타마다 씨네마' 라고 영화관 이름이 적혀 있다.

2000원), 2층은 2300짯(약 2300원)으로 현지 물가에 비교해 봐도 파격적으로 쌌다.

상영관에 입장하니 남자 스태프가 다가와 후레쉬로 어두운 바닥을 비춰가며 좌석까지 에스코트 해주었다. 곧 스크린이 켜지고 영화 불법복제판 만드는 사람들이 많은지 '촬영금지'라는 경고문을 몇 번씩 내보낸 후 영화 예고편을 틀어줬다(한국영화 <신과 함께>도 나와서 반가웠다). 그러곤 어느 순간 객석 분위기가 어수선해지더니 화면 위로 바람에 펄럭이는 거대한 미얀마 국기가 띄워지는 거다. 뒤이어 웅장한 음악이 나오면서 관객들이 모두 일어나 국기에 대한 경례를 한다...! 눈치껏 주섬주섬 함께 일어섰다. 독재국가 잔재라는 게 이런 거구나, 우리나라도 예전에 이랬겠지? 매번 '대한늬우스' 같은 거 틀어주고? 나중에 찾아보니 대한늬우스는 1953년에 시작해 1994년에서야 비로소 폐지됐다고 한다. 겨우 20여 년 전만 해도 여기나 거기나 별 다를 바 없는 풍경이었다니.

본 영화가 시작되고, 천만다행이게도 장르가 슬랩스틱코미디여서 언어를 하나도 몰라도 대충 줄거리를 따라갈 수 있었다. 서로 엇갈린 네 남녀의 코믹한 연애 소동(이 남자가 날 좋아하는 줄 알았더니 알고 보니 저 여자를 좋아하고, 저 여자를 좋아하는 줄 알았던 저 남자는 실은 날 좋아하고...)이 주였는데 한껏 과장된 연기, 장황한 씬 진행, 인위적인 효과음(우스운 대사를 칠 때 '띠용~' 소리를 삽입하는 식)이 난무했다. 좋게 말하면 누구나 쉽게 이해할 수 있는 영화, 나쁘게 말하자면 유치한 영화, 더 솔직히 말하자면 무슨 타임머신 타고 6~70년대로 돌아가 영화를 보고 있는 것 같아 처음에는 덩달아 웃다가 점점 멘붕이 왔다. 아까 봤을 땐 나이 지긋하신 분들만 앉아있진 않은 거 같았는데...? 다시 주위를 둘러봐도 관객 성별과 연령대는 골고루 섞여있다. 당장 내 옆에서 빵빵 웃음을 터뜨리는 남자관객만 해도 아무리 많이 봐줘도 20대 중반이다. 젊은 사람들한테도 이게 재미있게 느껴진다고...? 진심이야...?

나만 빼고 모두가 즐거운 상황 속에 얼떨떨하게 있자니 별 생각이 다 들었다. 어쩌면 내가 하나도 못 알아듣는 영화 대사가 참 찰떡같아서 저렇듯 까르르 웃는 걸까? 아니, 대사 없는 '몸 개그' 장면도 너무 뻔해서 좀처럼 웃을 수 없는 걸? 혹시 이것은 미얀마 사람들이 소위 '순박'하기에 작은 것에도 크게 웃을 줄 알기 때문인가? 이런 '유치한' 유머에 더 이상 웃지 않는 나는 그런 '순수함'을 잃어버린 걸까? 어쩌면 반대로, 독재정권을 거치는 동안 우민화 정책의 일환으로 국민들이 '복잡한' 생각 못 하게 단순하기 그지없는 영화만을 만들고 배급시키다보니 그에 어느덧 익숙해진 걸까...? ...문득, 영화 내용, 영화 배경 어느 것 하나 제대로 이해할 수 없는 순전 외부자 주제에(복고 감성 영화일 지도 모르는 거고, 영화 배경연도가 언제인지도 모르는 거고 - '응답하라 1994' 같은 드라마를 보면서 현재의 한국을 재단할 수는 없는 거니까) 수준이 유치하니 어쩌니 판단하고 있는 내 꼴이 제일 우스운 거 같아서 그냥 도중에 상영관 밖으로 나와 버렸다.

＊　　＊　　＊

　이러니저러니 해도 현지 영화를 본 것은 무척 탁월한 선택이었다. 깜깜한 상영관에 앉아 한 영화에 집중하다보면 관광객 모드로 이 나라를 무심히 훑을 때는 잘 보이지 않던 것들이 하나 둘 눈에 들어오면서 나름 새로운 지식이 생기는 거다.

　이를테면 미얀마의 독특한 전통의상 '롱지'를 입은 사람들을 길에서 무수히 마주치면서도 별 감흥이 없었는데, 막상 이걸 소재로 한 '생활개그'가 영화 속에 빈번히 등장하는 걸 보며 비로소 이 옷이 얼마나 일상화 돼 있는지 단적으로 체감됐다. 롱지의 긴 끝자락을 몰래 발로 밟아서 홀랑 벗겨 버린다거나(물론 이걸 하는 사람도 당하는 사람도 남자다 - 안에는 스모선수들 같은 팬티를 입고 있다) 롱지를 후루룩 벗어 버리려는 남자를 주변에서 다 같이 말리는 식인데 영화 본편 뿐 아니라 앞서 상영된 다른 현지영화 예고편들에도 이런 장면들이 심심찮게 나올 정도. <치리치>의 등장인물들 중에서도 전통의상을 입지 않은 이는 한 명도 없었다.

　또 하나는 영화 속 인물들의 인종이었다. 앞서 '인도스러운' 생김새라고 설명했던 사람들이 극 중 인물로 자연스럽게 등장해 어울리는 것을 보고서 그제야 '아, 내가 길에서 봤던 그 치들이 다 외국인 노동자가 아니라 그냥 미얀마가 다인종국가인가 보다' 하고 감을 잡았다. 찾아보니 미얀마에는 인구 중 약 70%를 차지하는 버마족을 비롯해 샨족, 까렌족 등 공식적으로 무려 135개의 민족이 함께 살고 있다고 한다. 원래는 그럭저럭 서로 잘 지냈는데 19세기 영국이 식민지배를 하면서 민족끼리 이간질시켜 갈등이 시작됐다고(미얀마 정부의 로힝야족 탄압 역시 같은 맥락에서 기인했다는 설명도 있고 반론도 있다. 로힝야족 이야기는 뒤에 더 자세히 적도록 한다).

아는 만큼 보인다지만 또 보는 만큼 알게 되는 것 같다. 물론 그 나라 언어를 모르고 별다른 사전지식도 없는 상태에서 현지영화를 관람할 때 이해의 정도란 퍽 한정적이다. 움직이는 그림만 간신히 보고 나오는 수준일는지도 모른다. 하지만 애초에 볼 기회가 없으면 알 기회도 함께 박탈되는 것이니까. 일단 뭐라도 눈에 보이면, 보이니깐 궁금해지고, 궁금하니 기존에 알던 것과 연관시켜 추론하게 되고, 그 추론이 맞는지 묻고 찾게 되면서 결국 알게 될 확률도 높아지니까.

그런 의미에서 다음부터는 여행하면서 무조건 현지 영화관에서 현지영화 한 편 씩은 봐줘야겠다고 마음먹는다.

쉐다곤 파고다와
'불교 판타지아'

쉐다곤 파고다 photo by Michael Pohlmann

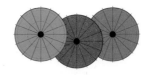

'경주' 하면 '불국사' 하듯이 '양곤' 하면 '쉐다곤 파고다'다. 도시 어디서나 보이는 이 높이 100m 가량의 거대한 황금불탑으로 발길을 향한다. 평지대인 양곤의 유일한 언덕 위에 지어져 있는 지라 계단을 한참 걸어 올라가야만 조우할 수 있다.⓬ 지붕으로 덮인 계단 통로 저 끝으로 고지가 보인다. 마지막 층계를 넘어 실외로 나서자마자 반사적으로 눈을 가늘게 뜬다. 강렬한 햇빛과 만만찮은 금빛이 맞부딪혀 주위가 온통 하얗게 시리다.

눈부심이 가시고 주변 풍광이 서서히 눈에 들어온다. 쉐다곤 파고다를 중심에 둔 1만 여 평의 웅장한 사원. 파고다를 둘러싸고 크고 작은 탑, 사원 등 100여 개 부속건물이 빽빽이 서 미로 같은 공간을 연출한다. 가장 인

⓬ 쉐다곤 파고다의 '쉐'는 황금, '다곤'은 언덕이라는 뜻. 쉐다곤 파고다는 미얀마의 대표적인 불교 성지로 6~10세기 사이 설립된 것으로 추정된다. 이후 몇 차례나 개축됐으며 지금도 계속 증축 중이라 높이가 점점 높아지고 있다고(현재 첨탑까지 포함해 112m 정도). 첨탑에는 거대한 다이아몬드를 비롯해 갖은 보석이 달려 있다. 석가모니가 열반에 들기 직전 미얀마 상인이 공양하여 얻어 온 그의 머리카락 여덟 가닥이 여기 봉안돼 있다는 설화가 전해진다.

상적인 것은 뭐니뭐니 해도 '황금'이다. 저게 다 진짜 금이라니. 쉐다곤 파고다 단독으로만 무려 60톤의 금판이 입혀져 있다고 한다. 혹시 누가 금을 슬쩍 떼어다 훔쳐 가면 어떡해? 괜한 염려를 해보지만 그건 말 그대로 나 같은 외부인이나 할 법한 염려다. 불교가 생활의 중심으로 공고히 자리 잡고 있는 이 곳 사람들은 성지 쉐다곤에 금을 보시를 하면 했지 탐을 내어 떼어내는 짓은 상상도 하지 않을 것이다.

'일상화된 불교'랄까 '불교화된 일상'이랄까, 종교가 없는 내 눈에 '불심 가득한' 미얀마의 하루하루는 그저 신기하게 비친다. 아침에 TV를 틀면 불교방송이 나오고 거리에는 승려들이 시주를 받으러 돌아다닌다. 버스에는 불상사진이 여기저기 붙어 있고, 도로가에는 자발적으로 은색사발을 들고 나와 절그렁절그렁 흔들면서 오고가는 차량과 행인에 보시를 독려하는 사람들이 흔하다. 생활 틈틈이 중얼중얼 염불하는 모습도 낯설지 않다 - 심지어 공항 입국심사 받을 적에 직원이 내 여권과 비자를 검토하고 도장을 찍는 와중에도 조그마한 불경을 들고서 웅얼웅얼 읽기도 했다. 그래서 "늘 붓다를 따라 구도하는 삶이라니 숭고미마저 느껴져!"라는 다분히 오리엔탈리즘적(!) 감상이 치밀기도 한다.

하지만 이 '붓다를 닮아가는 신성한 미얀마'라는 환상은 곧잘 와장창 깨진다. 소위 '성스러움'과 멀어 보이는 장면들을 마주칠 때다. 선글라스를 쓰고 다니면서 여자 관광객들에게 말을 걸고 농을 치는 승려들, 아침시간 사원에서 귀가 찢어질 듯한 데시벨로 틀어대는 요상한 불교음악. 그리고 여기 쉐다곤 파고다에서도 그런 '속돼 보여 실망스러운' 모습들을 잔뜩 짚어낼 수 있다. 당장 부처님 광배에 오색 LED을 둘러 번쩍번쩍 요란하게 빛을 내는가 하면, 불상을 비닐포장하고 테이핑까지 해놓고, 사원을 지키

부처님 광배 뒷면. LED를 밝히는 건전지를 볼 수 있다

항문 디테일이 시선을 강탈하는 신수의 뒤태

투명비닐과 노란색 박스테이프로 포장된 채 경배 받는 불상

는 신수는 항문 디테일까지 살아 있어 당황스럽다.

'환상을 깬다'는 건 '내가 상상하고 바라던 데서 벗어난다'는 거다. 그렇다면 나는 이 '불교국가'에서 과연 무얼 보길 기대했던 걸까 - 어떤 걸 봤다면 100% 흡족했을까. 솔직히 말해, 당장 뇌리를 스치는 건 이 따위 것들이다: '이른 새벽 짙은 안개를 뚫고 험준한 절벽 끝 고요한 사원에 다다르고. 아득한 독경소리를 따라 걸음을 옮기면 거대한 불상 앞에 정좌하여 명상 중인 노승의 뒷모습이 보이고. 반쯤 무너져 내려 이끼 낀 불탑 사이로 어린 승려가 합장하며 호기심 어린 눈으로 나를 향해 웃어주고.' 할리우드 영화 슈퍼히어로들이 '히말라야' 산중 깊숙이 숨겨진 '소림사'로 들어 가 '정신적 지도자(대체로 백인이다)'에게서 '닌자무술'을 사사 받아 세상을 구원한다는 식의 황당한 동양 판타지 페티시와 오십보백보 수준. 결국, 있는 그대로를 보기 보다는 내 환상을 멋대로 투영해놓고서 거기서 어긋나면 '신성함을 잃었다'느니 '진정성이 훼손됐다'느니 함부로 재단해버렸던 거다.

'실망스러웠던' 이 곳의 면면을 새로운 눈으로 - 있는 그대로를 수긍하는 눈으로 - 다시금 보고자 노력한다. 오색 LED, 비닐과 테이프, 동물의 항문양각. 이들은 소위 '거룩한' 이미지에는 부합하지 않는다. 하지만 부처님에게서 발산되는 진리의 빛을 표현하기에 광배 형상만으로는 아쉬워 오색 LED를 감아 보완하고, 귀중한 불상이 혹 더럽혀질까 비닐과 테이프로 꼼꼼히 포장하고, 신수의 원형인 동물의 생김새를 충실히 재현하고자 항문도 도드라지게 만든 거라면. 거룩하지 않은 것들로 충분히 거룩함을 이뤘다 말할 수 있지 않을까.

쉐다곤 파고다에는 경건히 절을 하고 기도를 올리는 승려들과 성지순례 온 신도들, 사원 그늘에서 수다 떨며 도시락을 까먹거나 코를 골아가며 낮잠 자는 사람들이 공존한다. 전통의상을 단정히 챙겨 입은 소녀도 스냅백을 뒤집어쓰고 추리닝 입은 소년도 똑같이 부처상에 물을 끼얹으며 소원을 빈다. 성과 속의 경계가 희미해지다 보면 이런 이질적 하모니가 연출되는 게 오히려 자연스러울 테고 그것이야말로 이 곳의 진짜 모습일 테다. 미얀마를 여행하다 보면 '내셔널지오그래피 사진에서 으레 보던 신비롭고 환상적인 느낌'이 잘 안 살아서 자칫 실망할 수 있다 - 역시 '그런' 환상은 빨리 깨질수록 너 나 우리 모두 마음이 편하다.

photo by Michael Pohlmann

승려복으로, 양장으로, 전통복장으로, 유행하는 복장으로 사원 내부를 돌아다니는 사람들

기도하는 승려들

성지순례객들

사원 틈새 그늘에 기대 잠시 쉬어가는 아이들

미얀 미얀
미얀마

02

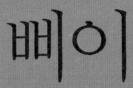

Pyay

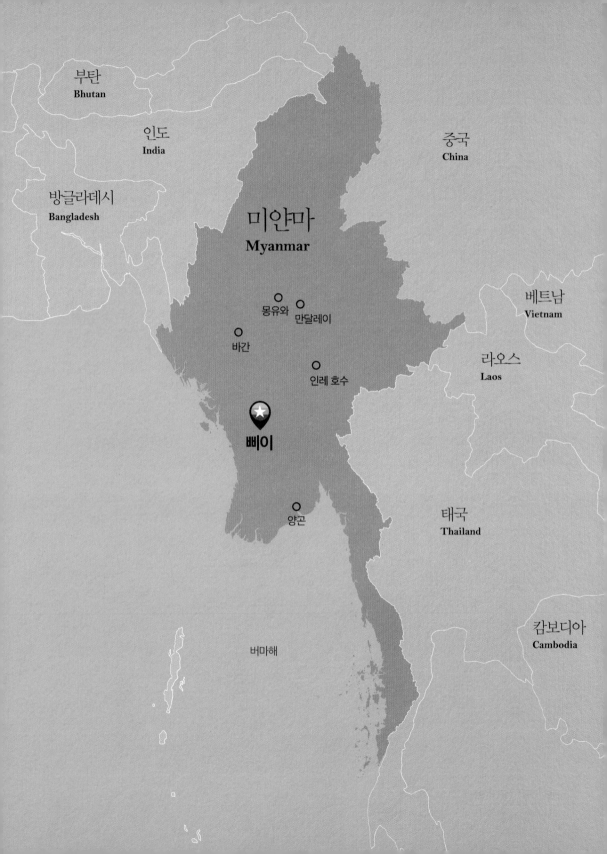

부탄
Bhutan

인도
India

방글라데시
Bangladesh

중국
China

미얀마
Myanmar

베트남
Vietnam

몽유와
만달레이

바간

라오스
Laos

인레 호수

★
삐이

양곤

태국
Thailand

캄보디아
Cambodia

버마해

여행은 사람으로
완성된다

버스 내부. 모니터 주변으로 부처님 그림이 여럿
붙어 있다. 사고 안 나도록 지켜준다고 한다.

모텔 스태프가 한 땀 한 땀 적어 준 미얀마어. 내 이름과 '코리아',
'삐이', '미얀마' 등을 어떻게 쓰는 지 배웠다.

양곤 다음으론 어느 도시를 가볼까 고민하다가 한국 떠나올 때 추천 받았던 여행지 하나를 떠올렸다. '삐이(Pyay)'. 미얀마 최초로 또 유일하게 유네스코 세계문화유산으로 지정된 유적지❸가 있는 도시인데 한국 사람들은 잘 안 간다고 했다. 인터넷에 찾아봐도 역시 변변한 여행후기가 안 보인다. 조금 불안하지만 '한국사람 많이 못 가본 데를 가야 나중에 자랑을 하지! 게다가 미얀마 단 하나뿐인 유네스코 유적이라는데 그게 뭔지는 몰라도 무조건 멋있겠지!' 싶어 결국 마음을 굳혔다. 그 땐 미처 생각지 못했다. 많이 안 간다면 혹은 못 간다면 거기엔 그럴 만한 이유가 있을 거란 걸(자세한 내용은 다음 챕터에서 적는다).

　국토 면적이 남한의 약 6.8배에 달하는 큰 나라답게 도시 간 한 번 이

---

❸ 2014년 유네스코 세계문화유산으로 등재된 '퓨 고대도시 유적지(Pyu Ancient Cities)'. 놀랍게도 바간, 인레 등 미얀마의 대표적 관광지들은 아직 유네스코 등재 잠정목록(Tentative List)에만 올라가 있다. (2018년 6월 기준)

동하려면 수 시간 걸릴 걸 각오해야 한다. 다행히 양곤과 삐이는 '겨우' 260km 가량 떨어진 '가까운' 도시라 예닐곱 시간만 가면 된단다. 그런데 좌석도 편하고 에어컨도 나오는 이 쾌적한 버스에서의 '짧은' 여행이 그리 쉽지만은 않았다. 버스 앞에 설치된 모니터로 뮤직비디오를 쉼 없이 틀어댔기 때문이다(볼륨이 귀청 떨어질 정도로 커서 '듣지 않는다'는 옵션 따위 없다). 댄스, 발라드, 트로트, 일렉트로닉, 포크 등 장르를 종횡무진하고 가수의 연령대도 수십 년 위아래를 가뿐히 아우르는 미얀마 뮤직비디오 메들리. 노래 스타일과 화면 연출의 상태는 딱 90년대 초반이다. 처음에는 못내 고문당하는 기분으로 강제시청하다 나중에는 자의반타의반 즐기는 경지에 이르렀다. 간만에 괜찮다 싶은 곡이 나오면 스마트폰으로 녹음까지 해둘 정도로.

목적지에 도착해 숙소를 찾아간다. 별로 안 유명한 관광지라 그런지 전체 투숙객 수가 나까지 합쳐 열 손가락이 넘지 않고 그나마 현지인 관광객을 제외하면 다섯 손가락 안에 꼽는 듯 했다. 그 여유로움은 내게 퍽 행운으로 작용했다 - 모텔 스태프들이 바쁘지 않아서 곧잘 나와 어울려주었다. 덕분에 나는 버스에서 녹음했던 노래를 누가 불렀는지 알게 됐고('와 나(Wa Na)'라는 남자가수다), 양곤에서 봤던 현지영화의 제목도 비로소 알아냈으며(<치리치>), 미얀마어로 내 이름 석 자와 '코리아'를 쓰는 법도 알게 됐다(어설프게 따라 그리는 수준이다).

함께 수다를 떨던 스태프들 중 한 명이 갑자기 뭔가 구경 시켜주겠다며 뒷마당으로 나를 이끈다. 아주머니 세 분이 쪼그리고 앉아 모닥불에 땅콩을 볶고 있다. 속껍질 째 볶은 후 뜨거울 때 손바닥으로 바닥에 눌러 비벼 껍질을 마저 벗겨내는 식. 재미있어 보여서 나도 해봐도 되냐고 손짓발짓으로 물어보니 웃으면서 껍질 벗기기에 끼워준다. 내일 아침식사용인가?

땅콩을 속껍질 째 볶은 후 뜨거울 때 손바닥으로 비벼 껍질을 마저 벗겨낸다

마당에 있는 야자수 이파리를 즉석에서 잘라 내 잘 씻은 후 냄비덮개로 쓴다

재료들을 냄비에 넣고 배 젓는 노 만한 주걱으로 열심히 볶고 치댄다

미얀마 찰밥 '타마네' 완성

용도도 모르고 뜨거운 땅콩 비비기에 마냥 골몰하는데 옆에 웬 아저씨가 와서 모닥불을 하나 더 피우고 솥을 건 후 남자스태프들을 불러 모은다. 어, 이거 뭔가 대단한 요리를 할 모양새인데?

솥에 노르스름한 뭔가를 끓이면서 그들끼리 쏼라쏼라 이야기를 나누더니 일사분란하게 움직인다. 누군가는 사다리를, 또 누군가는 낫을 찾아와 야자수 옆에 사다리를 대어놓고 올라가서 이파리 하나를 낫으로 뚝 떼어낸다. 이파리 앞면을 물로 깨끗이 씻은 후 적당히 반토막 내 솥뚜껑처럼 쓴다. 오오, 주변 자연을 이용하는 전통의 지혜! 곧 볶은 땅콩과 잘게 다진 코코넛, 깨 등이 솥에 투하되고, 배 저을 때나 쓸 법한 거대한 노 같은 주걱을 두 개 들고 와 열심히 볶고 치댄다. 힘이 부치는지 남자들이 돌아가며 주걱을 잡고 움직이면서 서로 웃으며 소리치는데 언어를 몰라도 무슨 말 하는지 충분히 알 것 같다 - "아 힘들어!", "야 똑바로 안 해?", "팔 빠질 거 같아요!", "힘 좀 써봐!", "이거 언제까지 해요?"

고소한 냄새가 사방으로 퍼진다. 예상치 않은 이벤트를 맞아 설레기도 하고 지금 대체 무슨 일이 벌어지고 있는 건지 파악이 안 되기도 해 그저 어리둥절하게 서 있는데, 이 모텔 주인집 딸이라는 앳된 아가씨가 오늘(1월 31일)이 타보드웨(미얀마 달력❹으로 11번째 달) 보름이라 함께 '타마네(미얀마 전통 찰밥)'를 해먹는 거라고 친절히 설명해준다. 원래는 풍년을 기리는 의미로 만들어 사원에도 바치고 이웃과도 나누는 음식이라고. 가족들과 스태프들이 다 같이 어울려 전통행사를 치른다는 게 아름답다 느껴져서 매년 이렇게 하느냐고 물으니 올해가 처음이고, 어쩌다 보니 이렇게 본격적으로 하게 됐다고 깔깔 웃는데 공감이 갔다. 현대인들이 예전처럼 명절을 제대로 챙기기 쉽지 않은 건 여기나 저기나 마찬가지인 게지.

타마네가 완성되고 외지에서 온 손님이라며 나에게 가장 먼저 시식할 기회를 준다. 진득한 쌀에 살짝 간이 밴 찰밥 혹은 약밥 같은 느낌인데 훨씬 기름진데다 중간중간 말린 코코넛과육이 씹혀 그 맛이 친근하기도 하고 낯설기도 하다. 맛있다며 폭풍 흡입하는데 명절에 낯모를 외국인이 혼자 놀러 와서 명절음식 먹는 게 짠했던 건지 혹은 기특했던 건지(?), 명절 손님대접을 하듯 따님이 내게 또 다른 제안을 한다. "오늘은 사원에서도 행사를 하는데 관심 있니?" 귀가 번쩍 뜨여서 너무 좋다, 그건 무슨 행사냐, 몇 시에 어디로 가면 되냐 흥분해서 물으니 새벽 4시에 오토바이를 타고 달려야 된단다. 아… 난 오토바이도 못 타고… 그것도 새벽 4시에… 안 되겠네, 하며 축 가라앉는 날 보더니 으쓱 하고는 "같이 가자. 내 뒤에 태워줄게"하는데 이 미칠 듯한 걸크러시!

깜깜하고 차가운 새벽 낯선 이의 뒤에 매달려 낯선 도시의 텅 빈 도로를 오토바이로 질주한다. 따님과 스태프들과 다 함께 어울려 사원으로 가는 길, 감당 안 되는 비현실감에 피식피식 웃음이 샌다. 동서남북도 파악

⑭ 음력. 단, 우리나라 음력과는 약간 달라 한 해 시작이 양력 4월경이다. 우리가 음력으로 구정과 추석을 챙기듯 미얀마 전통 축제는 모두 이 미얀마 달력을 따른다.

거대한 불을 향해 나무를 던지며 소원을 빈다. 보름을 기리는 행사는 미얀마 전역에서 벌어지지만 이렇게 나무를 불태우는 행사는 삐이 지역에서만 한다는 설명을 들었으나 내가 제대로 알아들은 게 맞는지 확인할 길이 없다. 다만, 구글에서 비슷한 키워드로 찾아보면 나무 불태우는 사진은 좀처럼 볼 수 없긴 하다.

못한 채 한 30분 달리자 드디어 불빛이 보이고 사람들 소리가 들린다. 사원 앞에는 긴 나무막대를 세워놓고 파는 상인들이 진을 치고 있다. 각자 한 묶음씩 사고 내 것도 같이 사줘서 몸 둘 바를 모른다. 한 아름 씩 나무를 품에 안고서 움직이는 남녀노소 인파에 휩쓸려 사원⓯ 내부로 빨려 들어간다.

활활 타올라 사원 전체를 환히 비추는 거대한 불을 마주한다. 소원을 빌며 나무를 하나씩 던져 넣으면 된단다. 잠시 불에서 눈을 떼고 주변을 둘러본다. 나무를 던지는 사람들의 진지한 표정이 주홍빛으로 아름답게 달아올라 있다. 다들 어떤 마음으로 먼동도 트기 전 발걸음 재촉해 여기까지 왔을까. 무슨 소원일까, 얼마나 간절할까. 기분이 사뭇 경건해져 나 역시 마음 깊은 데서 우러난 소원을 읊조리며 나무를 던져 넣는다. 부자 되게 해주세요...!

사원을 빠져나오면서 춥고 출출한데 뭣 좀 먹고 가잖다. 특별한 날이라 그런지 새벽인데도 식당들이 환히 불을 밝혔다. 이건 어떠냐 저건 어떠냐 물어보면서 이것저것 종류별로 시키는데 아무리 봐도 배 채우려는 의도보다는 외국인인 나한테 여러 음식 맛보게 해주려는 게 크다. 게다가 나는 돈도 못 내게 막는다. 애초에 사원에 간 것도 원래는 갈 생각이 없었는데 나 때문에 다들 피곤한 몸을 이끌고 간 눈치다. 너무 고마워서 말이 안 나온다. 나 이거 다 어떻게 갚냐...

참 과분한 친절을 누렸다. 그들의 호의와 도움이 없었더라면 밋밋하게

⓯ 쉐산도 파야. 삐이의 중심 사원으로 높은 지대에 세워져 삐이 전경을 내려다 볼 수 있다.

흘러가버렸을 그 밤. 여행은 사람으로 완성된다는 말에 새삼 공감한다. 그리고 이 고마운 경험을 통해 내가 지금껏 누려놓고도 쉬이 잊고 있었던 친절도 함께 되새겨 본다. 혼자 하는 여행도 혼자서는 할 수 없다. 무사히 여정을 마칠 때까지 무수한 사람들에게서 도움을 받는다. 그건 누군가에게 길을 묻는 것일 수도 있고, 날 위해 누군가가 준비한 식당 밥을 먹는 것일 수도 있고, 내가 어수룩하게 내민 뭉칫돈에서 딱 물건 값만큼만 집어가는 누군가이거나, 우연히 눈이 마주치면 미소를 지어주어 여행자의 용기를 북돋아주는 누군가일 수도 있다. 여행이란 정말이지, 사람으로 완성되는 것이다.

한국으로 돌아와 삐이의 그 모텔 - 제이드 모텔(Jade Motel) - 앞으로 짧은 엽서를 썼다. 타마네 만드는 풍경을 찍은 사진도 몇 장 현상해 동봉했다. 이렇게나마 하지 않고서는 견딜 수 없었던 나의 마음이 조금이나마 전달될 수 있기를, 바란다.

죽음의 유네스코 라이딩
그리고 인디아나 존스

액션영화 한 편 거하게 찍은 기분이다. 내가 여기까지 오도록 만든 유네스코 유적, '퓨 고대도시'❶ 때문이다. 당연히 유적지 근처까지 대중교통으로 가서 천천히 거닐 생각으로 모텔 스태프에게 버스편을 물었더니 고개를 젓는 거다. 애초에 거기까지는 버스도 없을 뿐더러 걸어서 드넓은 유적지를 돌아보려면 열 시간도 넘게 걸릴 거라고. 그럼 택시관광 말고는 방법이 없냐고 묻자 오토바이 렌탈 안내문을 들이민다. "난 오토바이 못 타는데" 하니 "자전거 탈 줄 알지? 쉬워~ 비슷해~"라는 답이 돌아온다. 자전거랑 오토바이가 어떻게 같을 수가 있어! 자동차 몰 줄 알면 비행기도 몰겠네! 하지만 다른 방법이 없다. 고민에 고민을 거듭하다 "그럼 타는 법 좀 가르쳐주면 안 돼…?"하며 절박하게 매달린다.

❶ '퓨 고대도시'는 기원전 2세기 ~ 기원후 9세기 동안 번성한 스리크세트라(Sri Ksetra), 베익타노(Beikthano), 할린(Halin), 3개 도시를 묶어서 이르는 말이다. 내가 방문한 곳은 세 도시 중 가장 규모가 큰 스리크세트라이다.

난생처음 탔던 오토바이.

모텔 앞 골목에서 스태프의 참관 아래 오토바이 운전에 첫 도전한다. 넘어지거나 부딪힐 거 같을 때마다 긴장이 돼서 나도 모르게 오토바이 손잡이를 잡아당기려 드는 게 불안해 죽겠다(자동차로 치면 브레이크 밟는답시고 엑셀러레이터 밟는 식). 10분 내외의 연습 동안 수 만 가지 생각이 머리를 스친다. 미쳤지 미쳤어, 지금이라도 무를까? 유적 보려다가 유물 되는 거 아닌가? 내 여행자보험에 사망 시 보상 항목이 있던가? 망설임 끝에 결국은 그냥 지르기로 한다. 괜찮아 보이는 데서는 살살 탔다가 위험해 보이는 구간에서는 끌고 걷지 뭐.

무모한 선택이었다. 절대 추천하지 않는다. 생애 첫 오토바이 운전은 도로상황이 좀 더 나은 곳에서 해야 옳다. 출발 5분 만에 긴장과 스트레스로 신경쇠약과 오십견이 올 것 같은 기운과 함께 후회가 밀려오기 시작했다. 자동차와 오토바이가 무법자처럼 마구 질주하고 행인들도 멋대로 난입해 카오스다. 30분 전으로 시간을 되돌리고 싶다. 이딴 걸 결심한 나 자신을 매우 치러. 하지만 이미 엎질러진 물, 죽음의 라이딩을 시작한다.

다행히 헬멧을 쓴 거나 옷차림 같은 걸로 다들 내 뒷꼭지만 봐도 외국인인 걸 알아보는 눈치여서(여기 사람들은 헬멧 거의 안 쓴다), 나무늘보마냥 느릿느릿 주행하고 1분에 한 번 씩 멈춰서도 많이들 봐주고 알아서 피해갔다. 와중에 주유도 하고(만땅으로 채우는데 2천원 밖에 안 든다!) 길도 물어물어 마침내 유적지 구역에 다다른다. 안 죽고 도착하다니 신이시여 감사합니다...! 그리고 한 번만 더 도와주심 안돼요...? 눈앞에 광활히 펼쳐진, ATV쯤 타 줘야 커버 가능할 깊은 굴곡과 모래 가득한 비포장도로를 보며 믿지도 않는 신을 절로 찾게 된다.

뙤약볕이 내리쬔다. 바퀴가 모랫길에 푹푹 빠진다. 자욱이 피어오른 모래먼지에 목과 코가 마른다. 좀 벗어났다 싶으면 진흙이 바퀴자국 그대로 굳어 울퉁불퉁한 구간이 나타난다. 움푹 팬 홈에 걸려 넘어진다. 오토바이를 일으켜 세운다. 겨우 벗어났다 싶으니 높은 모래톱에 바퀴가 턱 걸려 나자빠진다. 아오 씨, 욕을 하며 다시 오토바이를 일으킨다. 인적이 드문 탓에 몸개그를 펼치는 내 모습을 아무도 못 보니까 다행인건지 아니면 혹 사고라도 나면 도움요청이 어려우니 최악인건지. 머리부터 발끝까지 노오랗게 모래가 뒤덮고 기침이 쏟아진다. 길에는 그늘 한 점 안 드리운다. 나 여기 왜 왔지. 왜 사서 이 고생이지.

그런데 또 희한하게, 때려치우고 돌아가자 싶어질 때마다 기다렸다는 듯 유적이 까꿍 하고 나타나서 포기할 수 없게 만드는 거다. 애초에 그냥 '유네스코' 명칭 하나만 보고 여기까지 온 거지 솔직히 이게 다 무슨 유적

유적지엔 인적이 드물다. 가끔 오토바이 타고 지나가는 사람 혹은 소떼와 소치기를 마주친다.

이고 어떤 역사적 의미를 띠는지 잘 몰랐다. 그럼에도 마주치면 그렇게 반
갑고 좋을 수 없었다. 일차적으로는 지도앱에도 도로가 제대로 표시되지
않는 이 곳에서 내가 아직 길을 잃지 않았다는 증거가 됐기 때문이고, 이차
적으로는 마치 '인디아나 존스' 놀이를 하는 듯한 기분이 들었기 때문이다.
왕국이 몰락하면서 버려진 땅에 숨겨진 채 몇 백 년을 고요히 허물어져 가
던 유적을 내가 최초로 발견하는 것 같은… 유러피안 침략자스러운 감성을
자극한달까(물론 실상은 버려지거나 숨겨진 적 없는 멀쩡한 유적이다).

'인디아나 존스 감성'의 압권은 보보지탑(Bawbawgyi Stupa)이었다. 메마
르기만 한 지대 한가운데서 거짓말 같이 뿅 하고 푸른 연못이 나타나더니
연못 너머로 희미하게 어떤 건물 실루엣이 보였다. 설레는 맘에 서둘러 가
까이 달려갈수록 수풀에 가려 잘 보이지 않던 자태가 서서히 드러난다.

마띠그야 유적(Mathigya Mound)

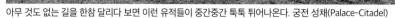

아무 것도 없는 길을 한참 달리다 보면 이런 유적들이 중간중간 툭툭 튀어나온다. 궁전 성채(Palace-Citadel)

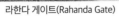

라한다 게이트(Rahanda Gate)

베베 사원(Bebe Temple)

당시에 인공적으로 건설된 '라한다 연못' 너머로 보보지탑 실루엣이 보이고, 가까이 다가갈수록 풀숲에 가려져 있던 탑 몸체가 서서히 드러난다. 보보지탑은 6~7세기 세워진 것으로 추정되며 높이는 46m에 달한다.

보보지탑은 한창 보수공사 중이었다. 공사 현황과 절차, 진행 상황 등의 정보가 게시판에 붙어 있다.

마침내 조우한 거대한 종 모양의 벽돌탑. 고개를 한참 꺾어 올려다보며 흥분한다. 정글에 파묻힌 앙코르와트를 보았던 프랑스 탐험가 앙리 무오가 이런 기분이었을까?

보보지탑 주변을 뱅글뱅글 맴돌며 구경하다 보니 문득 그 생김새가 쉐다곤 파고다나 오며가며 길에서 이제껏 보아 온 다른 미얀마 탑들과는 참 다르다 싶다. 나중에 찾아보니 그럴 만한 까닭이 있었다. 이 곳 '퓨 고대도시'는 동남아시아에서 가장 먼저 인도 불교를 받아 들여 나머지 나라들에 전파한 관문이었다고 한다. 보보지탑의 특별한 형태 역시 교류 과정에서 인도의 복발형(사발을 엎어놓은 모양) 불탑양식을 가져 와 현지식으로 재창조하면서 탄생한 거라고. 이처럼 퓨 고대도시가 당시 문화교류의 중심지였음을 보여주는 유적들이 잘 남아있다는 사실은 유네스코가 이 곳을 세계유산으로 선정한 이유 중 하나이기도 하다.

'미얀마 유일의', '미얀마 제1의' 유네스코 세계문화유산을 품은 이 곳 삐이가 왜 관광지로서 여태 각광 받지 않았는지 너무나 잘 알겠다. 당장 여기 유적지는 겉보기에 다소 초라하게 다가온다. 금과 보석을 둘러 번쩍번쩍 빛이 난다거나 한 지역에 몇 천 기 씩 몰려 있는 미얀마 다른 유적들과 단순비교하면 더더욱 그렇다. 하지만 유적지의 화려함이나 규모만을 척도로 두지 않고 역사적 중요성과 의미에도 방점을 찍는다면 이 곳은 단연 추천할 만한 여행지이다. 그리고 또 하나, 이 도시에는 소위 '개발'이 많이 된 다른 유명 관광지에서는 더 이상 찾아보기 힘든 '목가적 정취'가 여전히 잘 남아 있다. 마을 골목골목을 구불구불 돌아 유적지에서 숙소로 복귀하는 길, 뜨내기 여행자가 옆을 지나건 말건 초연하게 흘러가는 작은 도시의 하루 일면을 엿본다. 그저 이리저리 제 갈 길 바삐 가고, 주민들끼리 모여서

섬세한 세공의 은접시와 금반지. 퓨족은 3세기 경 이미 금과 은으로 동전을 만들어 사용하였으며 불상과 나비, 꽃, 각종 동물 형태의 장식물을 사용할 정도로 금속 공예가 뛰어났다. 7세기 경 그곳을 방문한 중국인들은 그들의 조용하고 평화로운 기질과 종교적 경건함, 높은 문화 수준에 대해 기록하고 있다.
설명출처: <아름다운 인연으로 만나다, 미얀마>, 출판사 역사공간, 저자 차장섭, 18p

운동하고, 아이들이 자전거를 달리고, 밭을 일구려 불을
지피고... 기념품을 팔기 위해 골목마다 노전을 펼 필요도, 외
지인을 향해 지나친 호객을 할 필요도 못 느낀다. 관광업에 아직은 삶의 모
든 양식이 매몰되지 않은 - '진짜 현지의 일상'을 발견한 '진짜 제대로' 인
디아나 존스가 된 기분이다.

물론 앞으로 관광산업이 더 활성화될수록 이런 '보통의 삶' 느낌은 곧 사라질 테지. 하지만 '변치 말고 남아있어 주었으면' 따위를 바랄 수는 없다. 산업발달을 통해 이 곳 사람들의 생활 만족도가 더 높아질 수 있다면,

마을 남자들이 미얀마 전통 공놀이 '친론(대나무나 등나무로 얼기설기 엮어 만든 나무 공을 차는, 족구 비슷한 놀이)'을 하고 있다.

외지인의 이런 노스텔지아적 감상쯤은 개나 줘야 맞다. 그저, 더 변하기 전에 더 많은 사람들이 - 나를 포함해서 - 이 곳을 방문해 그 희소한 매력을 느낄 수 있었으면 한다(그리고 그건 이 고마운 도시 발전에 보탬이 되겠지?).

마을 DVD방

마을 골목풍경

같이 걸을까 미얀 미얀 미얀마

하루 종일 자빠뜨리고 엎어뜨린 오토바이는 겉면 여기저기가 찌그러지고 긁혀서 결국 모텔 측에서 보상을 요구했다. 총 수리비 9만5천짯(약 9만5천원). 빈곤한 여행자로서 치명적인 출혈이었지만 덕분에 얻은 것들도 커 속이 쓰리지만은 않다. 큰돈이 나가는 상황에 나보다도 더 근심 어린 얼굴을 하던 모텔 스태프와, 여행자보험으로 보상받을 수 있을 거라(사실 그럴 리 없지만 나보다 더 낙담한 거 같아 위로하고 싶어서) 말하니 순식간에 환해지던 그의 표정, 함께 오토바이 샵으로 가서 받은 미얀마어로 조목조목 적힌 수리비 청구 내역서, 풀 죽은 여행자에게 물을 내어주고 의자를 내어주며 도닥거려주던 오토바이 샵의 아저씨들. 고마운 추억이다.

하지만 다시 한 번, 오토바이 렌탈은 감히 추천 드릴 수가 없다....

꾸깃꾸깃해진 외관

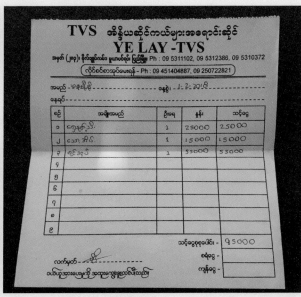
미얀마어로 적힌 오토바이 수리비 청구서

03

바간

Bagan

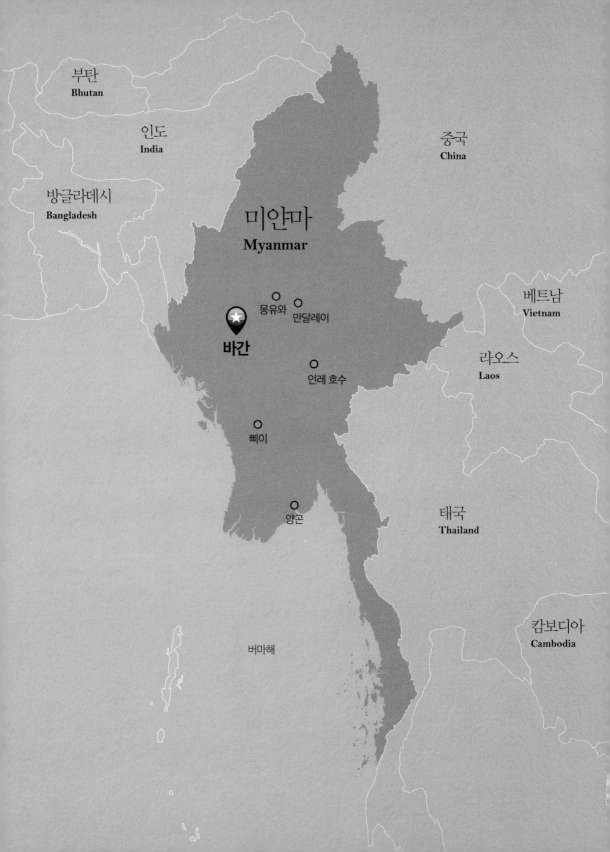

부탄
Bhutan

인도
India

방글라데시
Bangladesh

중국
China

미얀마
Myanmar

베트남
Vietnam

몽유와   만달레이

바간

라오스
Laos

인레 호수

삐이

태국
Thailand

양곤

캄보디아
Cambodia

버마해

이토록 찬란하고 불편한

해 뜨는 바간 photo by Michael Pohlmann

　양곤에서 삐이로 올 때 탔던 버스는 초특급울트라럭셔리클래스였나 보다. 삐이에서 바간으로 향하는 '버스'가 모텔로 픽업 왔을 때, 나는 '버스'를 눈앞에 두고도 못 알아봤다. 어디서 사고를 많이 당한 듯한, 지붕 위로 온갖 짐보따리를 산더미처럼 얹은, 낡은 봉고차. 앞뒤로 비좁은 좌석에 무릎이 꽉 끼어 벌써부터 피가 안 통하기 시작했다. 이대로 8시간 넘게 가야 한다는데 내릴 때 나 걸을 수는 있으려나?

　급가속-급정거-급가속-급정거를 반복한다. 덕분에 양 무릎을 부지런히 짓찧어 혈액순환은 되는데 통증이 온다. 운전수는 단 1초도 쉬지 않고 빠아아앙! 빵빵빵! 경적을 울리며 질주하고 차내에는 도저히 잠을 청할 수 없는 볼륨으로 미얀마 가요가 연속재생돼 있다. 중간중간 작은 마을에 정차할 때마다 그냥 확 내려버릴까 고민하다가도, 내 앞에 앉은 엄마 품에 안긴 아기를 보며 '저런 갓난쟁이도 한 번 울지를 않고 견디는데' 싶어 꾹 참는다.

　밤늦게 바간에 겨우 다다랐다. 호스텔에서 짐을 푸는데 초면의 서양인 룸메이트들이 다짜고짜 같이 술을 먹잖다. 고된 여독을 달래려 기꺼이 함께 부어라 마셔라 하면서 딱 하룻밤치의 가벼운 친분을 다졌다. 덕분에 그들을 따라 그 날 새벽 바로 첫 해돋이를 보러갈 수 있었다. 그들이 가르쳐 준 대로 'e바이크(전기로 움직이는 친환경 오토바이로 이 도시에서 관광객들의 이동수단으로 애용된다)'라는 걸 빌리고, 그들의 뒤를 따라 달려, 그들이 발견했다는 해돋이 광경이 끝내준다는 '비밀 장소'에 도착해서, 그들이 하는 대로 열심히 탑 위를 기어 올라갔다. 그게 변명이라면 변명이다. 탑 위에 오르는 게 금지❶된 줄 꿈에도 몰랐다. 하지만 무식도 죄라는 걸 안다(그래도 그 후론 그런 짓 안 했다).

깜깜할 때는 잘 모르겠다가 동이 트기 시작하니 동서남북 사방에 다 헤아릴 수 없이 탑이 선 것을 깨달았다. 드디어 왔구나, TV 다큐에서나 보던 이 곳. 이 풍광이 나를 미얀마까지 불렀더랬지. 심지어 예전에는 탑이 지금보다 훨씬 더 많았다고 한다. 이 지역에 자리 잡은 미얀마 최초의 통일왕국 '바간 왕조(9-13세기)'는 불교를 국교로 내세워 국민들의 정신적 통일을 이룩하고 화려한 불교문화를 꽃피웠다. 바간 왕조의 수도였던 이 곳 바간의 불탑과 불교사원❶도 대부분 이 시기에 세워졌는데, 당시에는 그 수가 무려 5천여 개에 달했으나 세월이 흐르면서 지진 등으로 많이 손실돼 현재는

❶ 2016년 지진으로 인해 유적들이 많이 파손된 이후 안전/보존상의 이유로 탑 위에 오르는 걸 금지하고 있다
❶ 미얀마에서는 탑과 사원의 구분이 모호한 경우가 많다. 이는 사원 꼭대기에 탑형의 돔을 설치하였기 때문이다. 따라서 탑 안으로 사람이 들어갈 수 있는지 없는지가 탑과 사원을 구분하는 기준이 된다. 탑은 탑 속에 성유물 등이 꽉 차 있어 안으로 사람이 들어갈 수 없는 것이다. 사원은 탑 아래쪽에 공간을 만들어 불상을 모셨으며 순례자들이 안에 들어갈 수 있도록 되어 있다. 설명 출처: <아름다운 인연으로 만나다, 미얀마>, 출판사 역사공간, 저자 차장섭, 90-91p

의도치 않게 불법으로 촬영한 바간 첫 해돋이 사진. 점점이 열기구가 떠 있다.

(좌) 새들에게 귀를 내어 주신 자비로운 부처님. 부처님 머리 뒤에는 둥지까지 텄다. (우) 사원 외벽의 스투코(Stucco, 벽돌 건축물 외장재)는 건축물을 보호하는 한편 장식효과를 더한다

2천2백여 개 '만' 남은 거라고.

　매일 새벽 4시 반 e바이크를 달려 해돋이 보러 간다. 어디에 자리를 잡는지, 그 날 기상상황이 어떤지, 열기구가 어디서 뜨는지에 따라 해 뜨는 광경도 천차만별이라 봐도봐도 지겹지 않다. 숙소로 돌아와 아침을 먹고 한숨 잔 뒤에는 다시 e바이크를 몰고 무수한 불탑과 사원 사이를 느긋하게 누빈다. 눈에 띄는 곳이 있으면 잠시 살펴보다가, 또 이리저리 떠돌다가, 마침내 마음에 드는 데를 발견하면 그 곳에 몇 시간이고 머문다. 사원 이름은 뭐고 무엇을 기리는 곳인지 같은 '복잡한' 이야기는 저리 치워두고 '어딘지 신비롭고 경건한' 분위기를 소비하는데 집중한다 - 애초에 나는 그런 '이국적' 흥취나 채우려 여기까지 온 것 아닌가. 불상을 멍하니 쳐다보기도 하고 사람 구경도 하고 딴 생각도 하다 보면 어느덧 해넘이 때다. 땅거미와 함께 다시 숙소로 와 맥주를 마시며 다른 여행자들과 수다를 떤다. '탐험'이 지겨운 날엔 호스텔 루프탑에서 일광욕을 하며 책을 읽고 낮잠을 자고 맥주를 마신다. 여유롭고 자유롭다.

　그러다 어느 저녁 여행자들과의 대화에서 한 한국인 여행자로부터 '그 한 마디 - 여기는 영국 식민지였는데 왜 사람들이 영어를 잘 못 하냐는 순수한 의문 혹은 불만'❶❾을 듣는다. 마냥 여유롭고 자유롭던 마음에 파문이 일기 시작한다. 누구 말마따나 남의 땅에 쳐들어 와 수탈하고 억압하고 학살한 대가가 죗값을 치르는 게 아니라 그로 인한 언어적, 문화적 특혜라니! 미얀마에서 내가 다녔던 모든 호스텔의 손님의 80% 이상은 늘 유럽인이 차지했다. 거기엔 영국인 비중이 상당했다. 그들은 이 화두를 두고서 과연 무슨 생각을 할까?

　조상들이 식민지 삼았던 나라에 여행 오는 건 어떤 느낌일까. '선진화'

시켜줬으니 자랑스럽다 여길까? 침략 역사에 대해 사죄하는 기분으로 다닐까? 이도저도 아니고 그냥 아무 생각 없이 즐기다 갈까? 식민지배 피해국 출신인 나는 죽었다 깨어나도 알 수 없을 부분이다. 그렇다면 미얀마 사람들은 이들을 어떻게 볼까? 개인으로서 온 관광객이니 별 상관없으려나? 예전에 일본인들이 한국에 관광 와서 조선총독부 건물을 보면서 '역시 일본의 건축기술은 위대해'라며 감탄하고, 김영삼 정부 때 그 건물을 철거하려니까 자기네들이 비용 부담해서 통째로 이전하겠다며 부수지 말아달라고 했다는 얘길 읽었을 때 나는 분노가 폭발했는데. 여기 사람들은 영국이나 일본 관광객을 향한 그런 응어리가 없을까? 하지만 이런 질문들을 대뜸 해당국 출신 여행자들에게 묻자니 바로 싸움이 붙을 거 같고(그리고 이런 문제에 대해 원활히 토론할 만한 '영어실력'도 안 되고), 미얀마 사람들에게도 물어보기 조심스러워 그냥 혼자 중얼거리다 만다.

여행자들과 이야기하며 또 다른 '불편'한 소식도 접한다: 당장 내가 머물고 있는, 배낭여행객들이 앞 다투어 찾는 이 인기절정 호스텔 '오스텔로 벨로(Ostello Bello)'가 현지 것이 아니라 이탈리아 사람 소유라는 것(이탈리아어로 '아름다운 호스텔'이라는 뜻으로, 이탈리아에 총 4군데, 미얀마에 총 4군데 '오스텔로

⑲ 우리나라에서도 식민지 시절을 겪은 어르신들은 일본어를 곧잘 하시듯 미얀마도 윗세대일수록 영어를 잘하는 경향이 있다고 한다. 그렇다면 오늘날 미얀마인들은 '대체적으로 영어를 못 한다'고 말할 수 있나? 판단 기준이 애매하지만 내 개인 경험으로는 관광객으로서 다니는데 불편을 느낄 정도는 아니었다.
한번은 영어선생님으로 일하는 현지인을 만나 미얀마의 영어교육 현황에 대해서 이야기를 나눈 적이 있었는데 '좋은 직장 다니려면 영어는 필수여서 집집마다 공부는 엄청 시키는데 말 한 마디 제대로 못하는 게 태반(!)'이라는, 한국 사람들에게도 전혀 낯설지 않은 소릴 하기에 웃기기도 하고 슬프기도 했다. 영어가 대체 뭐기에...'언어 식민지'라는 표현이 가슴에 콕콕 박힌다.

지진 여파로 기울어진 불탑

담마얀지 사원의 석가모니불(좌)과 미륵불(우)

바간 일출 photo by Michael Pohlmann

벨로' 체인이 운영되고 있다). 호텔도 아니고 호스텔이 외국 체인이었다니...! 날마다 바간 아침하늘을 수놓는 열기구는 한 번 타려면 인당 30만원 훌쩍 넘는 비용을 지불해야 한다. 거기서 일하는 미얀마인 직원과 대화를 해봤다는 한 여행자의 말에 따르면, 제가 탔던 열기구 운영 회사의 주인은 독일인이고 당연하게도(?) 미얀마에 살고 있지 않다고. 월급은 얼마나 받느냐고 물어봤더니 당연하게도(?) 현지 룰에 맞추어(?) 일당 4달러에 미치지 않는 금액을 얘기했단다.[20] 기분이 착잡해진다. 이전에 식민지였던 나라들이 정치적 독립은 이루더라도 외세로부터 사업을 빙자한 또 한 번의 '경제적 수탈'을 당하는 경우가 워낙 많아서인지, 제대로 사실 확인도 안 해본 상태에서 "경제 성장 효과나 수익배분이 현지에 제대로 돌아가고 있는 거 맞냐"며 덜컥 의심부터 하게 된다.[21]

이 곳 풍광은 여전히 아름다운데 더 이상 그저 아름답게만 볼 수가 없다. 역사를 평가하는 관점에서부터 신식민주의까지 - 생각이 어지럽고 산

만하게 번진다. 모르긴 몰라도 지금 내가 하고 있는 이 여행 역시 크고 작게 현지를 착취하는데 일조하고 있겠지? 그렇다면 내가 과연 남들을 비판할 처지인가? '미얀마를 여행하는 한국인 여행자'라는 타이틀이 참 복잡미묘할 수 있는 것이구나. '식민지배를 거쳐 이제 개발도상국에서는 벗어난 나라' 출신이 똑같이 '식민지배를 거치고 아직 개발도상을 걷는 나라'를 여행하는 길에는 이렇게 문득문득 울컥, 치받는 순간들이 새겨진다.

[20] <미얀마 타임즈(Myanmar Times)>의 2018년 3월 6일자 기사에 따르면, 미얀마 정부는 이 해 3월 노동자의 최저 일급은 4800짯(4800원), 하루 8시간 노동하는 노동자의 최저시급은 600짯(600원) - 즉 8시간에 4800짯 - 으로 개정해 발표했다. 내가 미얀마에 있던 당시에는 2015년 9월에 정한 기준이 적용돼 일당 3600짯(3600원) 가량을 받았을 것이다.

[21] 미얀마가 관광업으로 벌어들이는 수익의 40%가 미얀마 외부로 새어 나간다는 주장도 있다. 출처: Matador Network, "Dear travelers to Myanmar: Please don't come visit until you've understood these 7 things", 2016년 5월 10일자.

소떼, 소몰이, 바간일몰

우리 일생에
단 한 번, '신뷰'

　불탑 따라 사원 따라 하염없이 돌아다니다 점심때를 놓쳤다. 오후 네 시를 훌쩍 넘겨 식당을 찾아 들어가니 손님은 나 하나 뿐. 열심히 밥을 먹고 있자니 아까 식사주문을 받은 나이 지긋한 어르신이 오셔서 맛이 어떠냐고 물어본다. 맛있다고 화답하곤 한 두 마디 더 주고받는데 갑자기 어르신께서 의자 하나를 드르륵 당겨 내 맞은편에 앉으신다. 되게 심심하셨나 보다 - 나도 심심한데 잘 됐지 뭐. 이 지역의 역사 이야기, 불교 이야기, 정치 이야기까지 서로 서툰 영어로 최선을 다해 나누다가 문득 "지금 우리 마을에서 축제를 하고 있어" 하신다.

　"우와, 축제요?"
　"응, 오늘도 내일도 있어. 오늘은 아마 끝났을 거고 내일 아침에 오면 볼 수 있을 거야."
　"무슨 축제인데요?"
　"마을 아이들이 승려가 되어보는 불교행사야. 여기 사람들은 태어나서

한 번 씩 해봐야 해."

불교 버전 성인식 혹은 통과의례라 할 수 있는 '신쀼의식'이었다. 제 아버지와 마찬가지로 왕자의 자리를 버리고 출가한 석가모니의 아들 '라훌라'의 삶을 본 따 진행되는데, 이틀간 왕족처럼 차려입은 채 화려한 의식을 거치고 마지막엔 삭발하여 사원으로 입소한다. 짧게는 일주일 만에도 다시 집으로 돌아와 범생을 이어가기도 하고 혹은 그대로 평생 승려의 삶을 살기도 한다. 아이들 본인의 선택에 달렸다고. 신쀼의식을 통해 비로소 부처의 아들로 다시 태어나는 것이라 일생에 꼭 한 번씩은 거쳐야 한다는데 금전부담이 적지 않단다. 다행히 올해는 마을의 부유한 집안에서 그 아들의 의식을 치르는 김에 나머지 마을 아이들의 비용까지 모두 대줬다고 했다 (기부 스케일이 대단하다).

우연히 이렇게 때가 맞다니 난 참 운이 좋구나. 초청해 준 어르신께 감사하다고 내일 꼭 가겠노라 거듭 약속하고 다시 길을 나선다. 그런데 좀 가다 보니 저 멀리서 어딘가 심상찮은 음악소리가 들려오는 거다. 긴가민가 해 들리는 방향대로 따라가자 아직 끝나지 않은 신쀼의식 첫 날 풍경을 맞닥뜨릴 수 있었다.

금색 기둥과 알록달록한 천으로 꾸며진 커다란 천막 아래서 행사가 열리고 있다. 부처님 그림이 큼직큼직하게 프린트된 천이 곳곳에 붙어 있고 안쪽에서는 전통악단이 공연 중인데 그 소리가 대형스피커를 통해 마을 밖까지 빵빵하게 울려 퍼진다(나도 그 소리를 듣고 왔으니). 아이들은 머리부터 발끝까지 마치 인형처럼 단장했다. 남자아이도 여자아이도 모두 얼굴은 하얗게 입술은 빨갛게 바른 채 번쩍번쩍한 전통의상을 입고서 머리에 꽃

신뻬의식을 기록하기 위해 고용된 촬영팀. 사진 맨 오른쪽 남자아이가 오늘 행사 후원자의 자제여서 이 아이 중심으로 촬영이 진행됐다.

무당할머니가 말할 때 옆에서 마이크도 대 주고 추임새처럼 중간중간 질문도 해준다.

4살짜리 딸아이를 단장시키는 엄마

을 달았다 - 부처님 후광을 본
딴 머리띠는 남자아이들만 씌
운다(애초에 '아들' 중심 행사이긴 하
다). 오랜 시간 공을 들여 14명
아이들 모두 꼼꼼하게 매무새
를 가다듬더니 열을 맞춰 앉혀
놓고 한참동안 기념촬영을 한
다. 조명까지 대동한 촬영팀이
있기에 방송국에서 찾아왔나
했었는데 행사를 기록하려 따
로 고용한 이들이라고 한다 -
그만큼이나 일생일대 중요한
행사라는 거겠지. 아이들도 신
신당부를 받은 것인지 아니면
어른들의 엄숙한 분위기를 느
낀 것인지 장난치거나 웃고 떠
드는 법이 없다.

기념촬영이 끝나고 모두들
밖으로 나와 선다. 무당처럼 보
이는 할머니가 향을 피운 공물
을 앞에 두고 뭐라뭐라 말을
하며 춤추고 노래하고 담배를
피고 술을 마시기 시작한다. 사

무당이 나오는 것이니 당연히 불교적 절차는 아니다. 우리나라 절에 산신각이 있는 것처럼 토속신앙과 불교가 합쳐진 식.

람들이 지폐를 찔러 넣어줄수록 행위는 더 격렬해진다. 신기하게 보고 있
는데 아까 그 어르신과 딱 마주쳤다. 손녀딸 보러 일찍 식당 문 닫고 달려
왔단다. "저기 저 아이야"하며 푸른 의상을 차려 입은 꼬마아가씨를 가리
켜 보여주더니 곧 제 아들내외를 불러다 나하고 인사시킨다. 아니 전 그냥
잠깐 스쳐가는 객에 불과한데요... 황송함에 어쩔 줄 몰라 하고 있는데 이
번엔 "음식도 좀 먹고 가"라며 나를 이끈다. 깜짝 놀라서 "진짜 먹어요? 그
냥 먹어도 돼요?" 묻자 손님들 누구에게나 잔치음식을 나눈다며 사양 말
고 들란다.

　야외부엌을 차려놓은 뒤뜰을 지나 식탁과 의자 펴 놓은 데로 간다. 마
을 아저씨 한 명이 웃으면서 접시를 놔주고 음식을 듬뿍듬뿍 덜어준다. 점
심 먹은 지 얼마 안 됐는데 또 쑥쑥 들어간다. 흰 날림쌀밥에 '발라차웅쪼

맨 앞에 보이는 갈색 볶음요리가 미얀마 전통반찬 '발라차웅쪼', 그 좌측 뒤쪽이 '난팟쪼'

바닥에 구덩이를 파서 불을 지펴 요리를 한다. 왼쪽 사진은 국솥, 오른쪽은 밥솥

(고춧가루와 작은 생선, 새우 등을 넣고 볶은 것)', '난팟쪼(참깨와 고춧가루 볶음)', 시큼한 콩나물무침, 생선을 우린 맛의 맑은 국 등이 거의 한식느낌이다. 소박하고 섬섬하니 맛있어! 이렇게 의도치 않게 저녁까지 미리 때워버리고, 내일 아침 다시 여기로 와 축제 시작부터 보겠다고 약속하곤 자리를 뜬다.

시간이 흐르고 무당 할머니께서 어느새 머리를 풀어 헤쳤다

악단이 전통악기를 연주하고 있다

천막 아래 옹기종기 모여 앉은 마을 아가씨들에게 공양물로 쓸 꽃을 나눠주고 있다.

악단이 행렬 선두에서 연주를 하며 흥을 돋운다.

남자아이들은 화려하게 꾸민 말 위에 올라 타 차양 보조를 받으며 행진한다. 그리고 이번 신뾰의식 스폰서 집안 아들은 말 행렬 제일 앞에 섰을 뿐 아니라 혼자만 어제와 다른 옷으로 갈아입고 나왔다(상단사진 흰 옷 입은 아이). 이틀에 걸친 이 어마어마한 잔치 비용을 모두 다 대는 것이니 그럴 만도 하다.

같이 걸을까 미얀 미얀 미얀마

여자아이들을 태운 수레를 한껏 멋을 부린 흰 소들이 끈다.

마을 여자아이들이 돈을 접어 만든 부채(!)를 들고 행렬에 서서 신쀼의식을 거친 친구들을 축하한다.

*　　　　*　　　　*

이튿날 아침 득달 같이 마을로 달려간다. 마지막 날이어서 옆 마을에서도 다들 구경을 나온 터라 골목이 제법 북적거린다. 행사 주인공들 말고도 마을의 다른 여자아이들과 아가씨들까지 한껏 꾸민 게 눈에 띈다 - 오늘 행렬에 같이 선단다. 곧 신뾰의식의 백미인 행진이 시작된다. 큰 확성기를 앞세운 악단이 전통음악을 흥겹게 연주하고 여자아이들과 아가씨들이 길게 한 줄로 뒤따른다. 이들 손에는 각기 지폐를 접어 만든 부채, 우산, 꽃 등 여러 가지 공양물이 들렸다. 그 뒤로 이번 신뾰의식 비용을 모두 부담한 집안의 아들을 선두로 해 남자아이들이 말을 타고 이동한다. 행렬의 제일 마지막에는 소가 끄는 수레를 탄 여자아이들과 전통춤을 추는 여성댄서 둘이 따른다. 이렇게 마을을 한 바퀴 돌고 나서는 아이들이 한동안 몸을 의탁하고 수행할 사원으로 향하게 될 거란다.

마을 담벼락에 개처럼 묶여 있는 소와 정작 안 묶여 있는 개

마을 길목에 나뭇가지로 경계를 쳐놓고 곡식을 말리고 있다

부처의 아들로 다시 태어나는 행사장 옆에서 장난감 총을 팔고 있는 아이러니

　"행렬이 사원까지 가려면 오래 걸리는 데다 거기서 이런저런 의식을 치르다보면 한참 기다려야 할 거"라고, "그러지 말고 밖에 나가서 좀 놀다가 오후 3시 반 쯤 여기 이 천막으로 돌아오면 바로 아이들 삭발하는 걸 볼 수 있을 거"라며 식당 어르신께서 힌트를 준다. 이런 고마운 꿀팁쟁이! 그럼 마을 구경이나 좀 하고 오겠다며 인사하고 나가려는데 또 "밥 먹고 가!" 한다. 못 이기는 척 식탁으로 가 포식한다. 어제와 똑같은 메뉴인데 똑같이 맛있다.

　느긋하게 마을산책하고 3시 경 돌아왔는데 아뿔싸! 삭발의식이 벌써 끝나버렸단다. 시간표에 맞춰 진행되는 것도 아닌데 내가 너무 방심했다. 아쉽지만 남은 절차들을 지켜보는 걸로 갈음한다. 그 화려하던 화장과 옷을 다 벗고서 민머리와 가사만 입은 아이들이 스님 앞에서 이제부터 수련

남자아이들은 붉은 가사를 입고서 스님 앞에 쪼그리고 앉고 여자아이들은 분홍 가사를 입고 뒤쪽에 앉는다. 현재 상좌부불교는 공식적으로 비구니를 승려로서 인정하지 않고 있다.

장장 이틀에 걸친 기나긴 행사에 지칠 대로 지친 4살짜리 딸은 서약식이 끝나자마자 결국 아빠에게 달려가 칭얼대며 울음을 터뜨렸다. 딸 아버지 말로는 이번에 출가를 시키기는 하지만 너무 어린 나이라 곧 다시 데려올 거 같다고, 아이 뜻에 맡기겠다고.

승으로서 지켜야 할 계율을 서약한다. 서약식이 끝나자 남녀노소 마을사람들이 천막 밑에 모두 모여 앉고, 곧 열 명도 넘는 스님들이 줄줄이 들어와 예불이 시작된다.

삭발의식을 놓쳐서 아깝겠다고 안타까운 얼굴을 하는 식당 어르신. 아니라고, 덕분에 이틀 내내 잘 봤다고 인사를 드리는 나를 또 밥 먹는 데로 이끈다. 이번엔 튀기고 볶은 땅콩과 찻잎샐러드 그리고 차다. 역시나 사양하지 않고 마음껏 들고 있는데 무려 '세 번이나' '먹으러 온' 외국인이라 더 친근감을 느낀 것일까, 옆에 앉아있던 마을 아저씨 한 분이 "나 아는 동생이 지금 한국에 살아. 한국에서 일 해."라며 말문을 트더니만 갑자기 그 동생이라는 분에게 영상통화를 걸어 내게 넘겨준다...! 졸지에 거제도 대우조선에서 일하고 계신 미얀마분과 한국말로 통화를 한다. "거긴 지금 춥지요?"라고 안부인사 한 마디 억지로 쥐어짜내고 나니 진짜진짜 할 말이 없다. 어떡하나 진땀을 빼다가 퍼뜩 나한테 지금 가장 필요한 미얀마어 표현 하나를 물어보고 연습한다. "쩨주 아먀 지 띤 바데 - 정말 고맙습니다".

마을을 나서기 전, 식당 어르신에게 소액이나마 마을에 시주(?)를 하고 싶은데 어떻게 해야 하냐고 물으니 깜짝 놀라고 또 기쁜 표정을 지어 마음이 훈훈해졌다. 곧 장부 같은 걸 들고 와 기록하고는 내게 고맙다고 웃으며 인사한다. 아니요, 아니요, 제가 감사하죠. 아이들에게도 단 한 번일 테지만 제게도 일생 단 한 번뿐일 이 귀한 경험을 주셨잖아요. 정말 고맙습니다... 다시 한 번, 쩨주 아먀 지 띤 바데.

돌아오는 길에 생각한다. 낯모르는 이에게 물질적으로 또 정신적으로 어쩜 이렇게 퍼주듯 베풀 수 있을까. 오며가며 만난 여행자들에게 "미얀마에서 뭐가 제일 좋았어?" 물어보면 "사람"이라 답하는 걸 많이 들었다. 참

마을사람 모두 모여 스님들과 예불을 드린다.

말이다. 여기 사람들의 호의, 도움, 미소는 내가 지금껏 가 본 세계 다른 어느 여행지와도 견줄 수 없는 경지다(적어도 내가 겪은 이 곳 사람들은 다들 그랬다). 절과 승려에게 시주하는 게 익숙한 이 곳 불교문화 영향 때문 아니겠느냐고들 하는데❷ 그렇다면 반대로, 나는 이런 베풂의 대상이 될 만한 자격을 갖추었나 생각해보게 된다. 불교적 선행에 덕을 실컷 보면서도 정작 이들의 불교문화를 제대로 이해하려들거나 충분히 존중하려 했던가...? 자신이 없다. 사원에 들어갈 때마다 신발과 양말을 모두 벗으라는 안내문을

❷ 미얀마의 기부지수가 4년 연속 전 세계 1위를 차지하고 있는데 대해서도 같은 이유를 든다. 출처: Charities Aid Foundation, 'World Giving Index 2017'. 한국은 2017년 기준 62위다.

러펫똑: 기름에 발효시킨 찻잎에 땅콩 등을 섞어 먹는 미얀마식 디저트이다.

보고 "귀찮게 양말까지 벗어?"하며 툴툴댔던, 왜 탑에다가 금붙이를 붙여 대냐 그 돈으로 산업에나 투자하지라며 쉽게 지껄이던, 여기 부처님들은 메이크업이 진하다고 깔깔 무식하게 웃던 내 모습만 생각나 민망하다.

04

인레 호수

Inle Lake

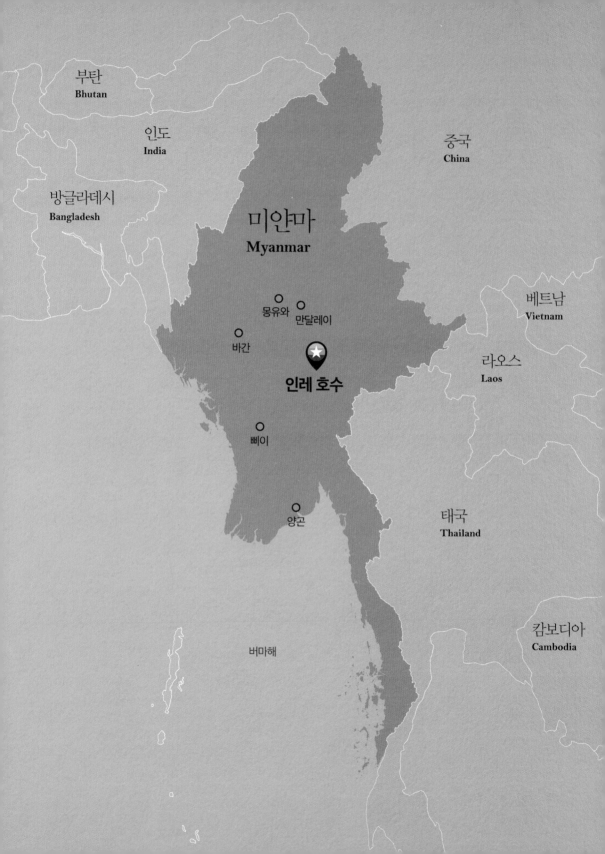

부탄
Bhutan

인도
India

방글라데시
Bangladesh

중국
China

미얀마
Myanmar

베트남
Vietnam

라오스
Laos

몽유와   만달레이

바간

인레 호수

삐이

태국
Thailand

캄보디아
Cambodia

양곤

버마해

트루먼쇼까지는
아니어서 다행이야

photo by Michael Pohlmann

인레호수 어부를 흉내 내는 사람들. 전통어업 도구인 통발을 들고 있다. photo by Michael Pohlmann

같이 걸을까 미얀 미얀 미얀마

　물 위에 집을 짓고 마을을 이뤄 사는 거라 배로만 구경 다닐 수 있단다. 순간 '가지 말까' 싶어졌다. 두 다리로 걷는다는 옵션 없이 오로지 이동수단에 기대야한다는 건 곧 움직일 때마다 '흥정'을 해야만 한다는 뜻인데, 누군가에겐 그게 재미라지만 나 같은 어리바리한테는 그저 스트레스일 뿐이다. 호객하는 뱃사공들과 탐색전을 펼치고. 상대를 후려치지 않으면서 나 역시 후려쳐지지 않는 가격을 맞추려 한참을 옥신각신하고. '진짜 바가지 안 쓴 거 맞나?' 찜찜한 기분을 끝까지 떨칠 수 없고. 아아, 상상만 해도 피곤해. 그래서 숙소에 도착해 벽에 붙은 인레호수 투어 패키지 광고를 보자마자 예약자 명단에 이름을 올렸다. 패키지니까 정해진 대로 따라 다니느라 별로 재미도 없을 거고 쇼핑하라는 압박도 받겠지만 가격흥정에서 벗어나는 게 어디야.

　날렵한 카누가 푸른 물살을 가른다. 전체면적 116㎢ 그러니까 약 3천5백만 평이 넘는 거대한 호수의 탁 트인 풍광을 마주하는 것만으로도 가슴이 벅차오른다. 하지만 사람 마음 참 간사한 게 곧 '패키지는 역시 뭐 하나 제대로 볼 수 없다'며 불평하기 바빠졌다. '저게 물 위에서 짓는다는 토마토 농사구나.❷❸ 신기한데 좀 더 가까이 가서 볼 수... 없구나.' '새로 집을 짓고 있네? 물 위에 어떻게 집을 짓는지 궁금한데 좀 더 가까이... 는 안 되는 구나.' '저게 그 유명하다는, 한 발로 서서 노를 젓고 물고기를 잡는 인레호수 어부구나. 물고기 잡을 때까지 기다리...는 건 안 되는 거지.' 다행히 패키지 코스에 끼어 있던 쇼핑센터 순회는 수제담배와 전통직물 만드는 모습을 볼 수 있어 예상보다 덜 괴로웠고, 사원과 시장도 그럭저럭 구경했으며, 점심식사는 현지인의 수상가옥에 들어가 내부도 둘러보고 현지식도 맛보아 퍽 만족스러웠다. 엄청 좋지도 엄청 나쁘지도 않은 일일투어는 그렇게 별 큰 감흥 없이 끝이 났는데.

정작 이 호수에 대해 깊은 인상을 받은 것은 육지로 돌아와 숙소의 다른 여행자들과 이야기를 나누면서이다. 뭐? 호수에서 봤던 그 어부들이 가짜라고?! 관광객들이 오면 물고기 잡는 척 포즈만 취해주는 거란다. 사람 키만 한 대나무통발도 예전에나 썼던 거지 요새는 신식그물로 어업을 한다고. 다 눈요기란다. 하지만 포즈 취하고도 우리 배에 팁을 달라거나 하지 않았는데? 라며 반박했더니 아마 정부차원에서 관광업 활성화 차 돈을 주고 '연기'를 시키는 게 아니겠냐는 가설이 나왔다(포즈를 취해주고 개별로 팁을 받는 어부 연기자들도 엄연히 존재한다). 게다가 관광객들 배가 그렇게 가까이 다가가면 모터소리에 물고기가 다 달아날 텐데 진짜 어부들이라면 당장 쫓아내지 않았겠냐고. 그 대목에서 또 다른 깨달음이 뒤늦게 찾아온다. 그러

---

❷❸ 대나무로 만든 틀을 물 위에 띄운 후 흙과 수초를 얹어 밭을 만들고 수상 토마토 농사를 짓는다.

고 보니 여기 배들 대부분이 실제론 모터엔진으로 움직이고 있었어! 전통 방식대로 외발로 배를 딛고 나머지 발에는 노를 끼워 젓고 있던 것도 그럼 거의 보여주기식이었겠구나! 멘붕이 왔다.(나중에 찾아보니 전통방식으로 물고기를 잡는 인레호수 어부들도 여전히 있다고 한다. 다만, 관광객들이 잘 접근하지 않는 지역에서 이뤄진다고.)

혹시나 이것들 말고도 가짜가 있었나 인터넷에서 인레호수 여행후기를 뒤지다 보니 비슷한 사례가 하나 더 등장한다. 나도 아까 구경했던 수제담배 파는 곳이다. "미얀마의 인레호수에서 수제담배 공장 겸 가게에 들렀을 때다. 나와 일행은 미얀마 여성 다섯 명이 담배를 콩콩 찧는 모습을 구경하고 이어서 담배 호객을 잠깐 당한 뒤 타고 온 보트로 돌아가려던 참이었다. 그때 갑자기 화장실에 가고 싶어진 나는 가이드와 다시 담배 찧는 방 앞을 지나가게 되었다. 그런데 담배를 찧던 미얀마 여성 다섯 명은 그들이 앉아 있던 흔적조차 찾아보지 못할 정도로 완벽하게 사라지고 없었다. 자연스러운 현지 풍경을 가장한 '쇼 비즈니스'였다."[24]

태반이 연출이네. 그리고 나는... 한국민속촌에서 조선시대 분장을 한 연기자들이 옛 생활상을 재현하는 걸 보고 "요즘 한국 사람들 이렇게 사는구나~" 감탄한 꼴이나 마찬가지 아닌가. 왜 짜고 치는 고스톱이라고 미리 얘기 안 해줬어! 나만 바보 됐잖아! 황당하고 억울한 한편 그래야 장사가 되었으려니 스스로를 납득시켜본다. 모터보트를 운전하고 대형그물로 고기를 잡는 '진짜 일상'은 관광객들이 쉽게 매료될 만큼 충분히 '이국적'

[24] '가난을 소비하는 장소가 아닙니다' 시사인 2016년 2월 1일자, 김명철

이 호수에서 잡은 생선구이가 아주 맛있었던 점심상.

수상가옥 짓는 모습. 수심이 깊은 편은 아니라 호수 바닥에 기둥부터 박고 차곡차곡 지어 올리면 된단다.

호수 바닥에는 수초와 갈대가 많아 잘 피해서 노를 저어야 하는데 앉아서는 그게 잘 안 보이기 때문에 서서 노를 젓는다고 한다. 또한 한 다리로는 서고 나머지 다리로는 노를 저으면 양손이 자유로워져 배를 젓는 동시에 그물을 올릴 수 있다고.

photo by Michael Pohlmann

이거나 '신기하'지 않으니까. 또한, 멋진 사진을 하나 건져가겠노라 하는 관광객들이 포즈를 취해주는 대가로 팁을 쥐어주기 시작하면서 '코스프레 전문 꾼'들이 하나 둘 생겨나고 고객님 보시기에 좋은 대로 - 옛 것을 요즘 것인 척, 가짜를 진짜인 척 하다 보니 어느덧 진실과 거짓의 경계마저 흐려졌겠지.

　　내가 패키지로 돌아다녔으니까 상업적인 풍경만 접한 것이겠지? 설마

트루먼쇼처럼 이 호수의 모든 면모가 관광객 눈높이로 꾸며진 상태는 아니겠지? 내처 찾아보니 다행히 그건 아닌 듯하다. 인레호수를 좀 더 여유롭게 구경한 혹은 패키지라도 운이 더 좋았던 이들의 여행후기에는 노를 저어 물 위의 학교를 가는 교복 입은 아이와 물장구치며 노는 꼬마 같은 일상적인 풍경도 소복이 담겨있다. 아까워라, 홍정에 좀 시달리더라도 그냥 혼자 찬찬히 다녀볼걸. 다만 관광업이 번창하면서부터 소위 '쇼 비즈니스'를 위시해 이 호수 사람들의 삶이 많이 변한 것은 사실이다. 농업, 어업에 주로 종사하던 이들 중 적잖은 수가 이제 관광객들의 보트운전수로, 수상리조트 건설노동자로, 레스토랑 셰프로 일한다. 희비는 엇갈린다. 누군가는 새 직장의 괜찮은 수입에 기뻐하면서 형편이 더 나아지리라 기대하며, 누군가는 평생 농사만 짓고 살다가 호텔이 밀고 들어오는 통에 헐값에 농토를 팔 수 밖에 없어 앞으로의 생계를 막막해한다. 세부사항이 조금씩 다를 뿐 큰 틀에서는 낯설지 않은, 한국에서도 흔히 듣곤 하는 바로 그 '경제개발 스토리'다.

개발로 인해 삶의 양식 뿐 아니라 생활터전 자체도 변하고 있다. 요 몇 년 간 인레호수를 둘러 싼 가장 뜨거운 이슈는 오염이다. 관광객들의 먹을거리 수요를 감당하고자 수경재배 면적이 대거 확대됐고 농약과 화학비료가 남용되기 시작했다. 수상리조트 수가 급증하면서 벌목 규모와 더불어 호수로 유입되는 쓰레기와 오수도 크게 늘어났다. 호수 안의 생명체들은 물론 이 물을 그대로 떠다 목욕과 빨래를 하고 또 여기서 나고 자란 것들을 먹고 사는 이 곳 사람들에게도 직접적이고 치명적인 위협이다. 환경파괴의 여파는 다른 곳으로도 뻗친다. 호수생태계가 파괴되면서 어획량이 줄어들어 어부의 살림은 힘들어졌고 지역주민 역시 물고기 품귀현상으로 인한 가격상승의 부담을 고스란히 떠안는다. 상황을 바꾸기 위한 노력이 자체적으로 일어나고 있으나 아직은 출발단계란다.

혹시, 내가 아무 생각 없이 끊었던 패키지투어도 이 모든 '변화'에 일조했을까? 귀국 후 찾아 읽은 책의 한 구절이 이번 인레호수 방문을 돌이켜 생각하게 해 그대로 옮겨 적는다. "...내가 여행자로 방문한다는 그 행위로 말미암아 '현지'는 바뀌어간다. 바뀌어가는 풍경은 때로 이럴 수도 있다. 관광지로 개발되어 거기서 살아가는 이들의 삶의 양식이 뒤바뀐다. 공동체가 해체되어 이제 거리로 내몰린 이들은 레스토랑에서 전통춤을 스테이크에 끼워 팔고, 성매매와 접시 닦는 일로 생계를 이어간다. 해안에 리조트가 세워지면 어부는 바다를 잃고, 골프장이 들어선 땅에서 농민들은 물을 빼앗긴다. 그렇다면 누군가의 노동, 누군가에게 더욱 필요할지 모를 물과 전기와 음식물을 사들이며 돈을 지불했다고 그 행위가 '정당한' 것일 수 있을까. 더구나 여행자들이 몰려드는 마을은 여행자의 수요에 맞춰 서비스업이 늘어가고 물가는 올라가 현지인의 생활은 궁핍해지곤 한다. 관광지는 돈이 모이는 곳이라는 이유로 잉여 노동력을 불러들이고, 또다시 현지인의 생활은 궁핍해진다. 그 은밀하고도 거대한 착취의 구조 속에 여행을 떠난 나는 당사자로 참여하고 있다. 거기서는 판단도 요구되고 행동도 요구된다." **㉕**

㉕ <여행의 사고> 출판사 돌베개, 저자 윤여일, p184-185

수상가옥 photo by Michael Pohlmann

관광지에 가면 길거리 상인들이 나뭇가지에 인형들을 줄줄이 매달아 놓고 파는 모습을 자주 볼 수 있다. 미얀마 전통 인형극에 등장하는 마리오네뜨란다. 호기심에 인레호수 근처에서 실제로 인형극을 관람했다. 아웅의 전통 꼭두각시 댄스 쇼(Aung's Traditional Dancing Puppet Show)라고 간판을 단 조그마한 극장에 들어가니 관람객은 나와 프랑스인 여성 이렇게 둘 뿐. 뻘쭘한 기분에 앞에 놓인 팜플렛에 코를 박는다. 미얀마 전통 인형극에 대한 개괄적인 설명과 더불어 공주, 광대, 말, 원숭이, 도깨비, 마법사, 친론(미얀마식 족구) 하는 사람, 왕자 이렇게 총 여덟 종류의 마리오네뜨 사진이 실려 있다. 극 내용에 대해서는 별다른 설명이 없다.

불이 꺼지고 막이 열리자 녹음된 배경음악에 맞춰 여덟 마리오네뜨가 차례로 하나씩 등장해 춤을 춘다. 원숭이는 진짜 원숭이처럼 끼룩끼룩 움직이고, 친론하는 사람은 실제로 공을 차는 것 같고, 마법사는 정말 마법을 부리듯 휙휙 날아다닌다. 가림막 사이로 언뜻언뜻 엿보이는 공연자의 손놀림을 보니 당연하다 싶다. 저 많은 줄들을 저토록 정교하고 빠르게 다루는데 마리오네뜨들이 절로 살아 움직일 수밖에.

각 마리오네뜨마다 3~4분씩 춤을 추어 30분 만에 공연이 끝나버렸다. 그냥 춤만 추는 거야...? '극'이라더니 내용은 없어...?(뒤늦게 생각해보니 간판에는 '댄싱 쇼'라고만 적혀 있긴 했었다) 당황스러워 장막 뒤에서 나와 인사하는 공연자 '아웅' 씨에게 물어보니 당연히 원래는 스토리가 있다고 답한다. 정식 공연은 주요 인물만 28명이 등장해 대여섯 시간을 훌쩍 넘길 정도로 내용이 풍성한데, 대사가 모두 미얀마어이다 보니 외국인 관광객들은 이해를 못하므로 춤 부분만 일부 잘라내어 보여주고 있다고(그리고 정식 공연에서는 당연히 녹음된 음악을 틀지 않고 악단이 연주를 한다). 게다가 요즘에는 TV, 영화에 밀려 현지인들이 더는 인형극을 찾지 않고 있어, 자신의 고향인 이 곳에서 외국인들 상대로 이런 '미니공연'을 하면서 미얀마 전통문화에 대한 관심을 다시 불러일으키고 명맥을 잇는데 기여하려고 한단다.

친론 하는 사람

광대

도깨비

서늘한 저녁인데 아웅 씨의 이마에는 땀이 배어 있고 호흡도 조금 가빠 보인다. 둘밖에 없는 관람객 앞에서도 최선을 다 한 그 모습에서 자부심을 느낀다(다행히 오늘 같이 휑한 날도 있지만 관람객들이 극장에 꽉꽉 차는 날도 적잖단다). 알고 보니 무려 4대째 가업을 이어 인형극을 선보이고 있단다. 벽에 붙은 선조들과 본인의 사진을 가리키며 설명하는데 꼭 옛날이야기를 듣는 것 같다. 앞으로도 가업을 이어가게 될 지 조심스레 물어 보니 자신의 아들과 딸이 인형극을 할 줄은 알지만 이어 받을지는 모르겠다고 답한다. 결코 쉽지 않은 선택일 테다. 시류에 떠밀려 전통문화가 보존될 새 없이 사라져 버리는 모습이 영 남 얘기 같지 않아 더 착잡하고 숙연해진다.

까렌족에서
로힝야족까지

　내가 샀던 인레호수 투어 패키지의 코스설명 가운데 "까렌족 공방에는 들르지 않는다. 우리는 '그런' 관광에 반대한다"는 내용이 적혀 있었다. 옆에는 책에나 TV에서 한 번 쯤 봤던, 비정상적으로 긴 목에 수많은 고리를 찬 여인의 사진이 실려 있다. 까렌족의 소수민족 중 하나인 '파다웅'이라는 민족이다. 파다웅족 여자들은 어릴 때부터 목에다가 놋으로 된 고리를 끼우고 갈수록 그 수를 더해 목 길이를 늘이는데(사실은 목이 길어지는 게 아니라 그만큼 어깨가 내려앉는 거다) '그런' 관광이란 이 목 긴 여인들을 '관람'하는 걸 이르는 말이었다. 이들이 민속품을 만들고 파는 공방이라지만 주된 목적은 공예품이 아니라 '사람' 구경이다.

　찾아보니 같은 인간을 구경거리 삼는 듯해 거부감 들었다는 후기가 꽤 있었다. 태국 치앙마이 여행기에 그런 반응이 특히 많았는데, 알고 보니 미얀마의 까렌족들이 정권의 핍박을 피해 태국 치앙마이로 많이들 넘어갔고 태국 정부는 이들을 별도의 장소에 수용하고 그곳을 파다웅 여인들의 '기이한' 용모를 관람할 수 있는 민속촌으로 꾸며 입장료까지 받고 있단다. 인레호수의 까렌족 공방이 태국의 그것만큼 노골적인 '인간 동물원' 형태였는지는 모르겠으나 어쨌든 가지 않아서 다행이다 싶었다.

그러다 문득, "까렌족은 왜 태국으로 피난 갈 정도로 미얀마 정부한테 박해 받고 있는 거지?" 궁금해져서 가벼운 마음으로 관련 내용을 검색하는데 아뿔싸! 무시무시하게 복잡다단한 이야기가 굴비처럼 엮여 나오면서 국제적으로 비난 받고 있는 '로힝야족 탄압' 이슈로까지 이어진다. 너무 어려운 주제라 감히 다루기가 조심스럽지만... 내가 얄팍하게나마 찾아보고 이해한 만큼만 정리한다.

먼저 영국이 식민지배 당시 의도적으로 돋운 민족 갈등이 있다. 미얀마는 예로부터 다민족 국가로, 미얀마 정부가 공식적으로 인정하는 민족 수만 무려 135개에 달한다.❷❻ 전체 인구의 70% 가량을 차지하는 버마족을 위시해 샨족, 까렌족, 여카잉족, 친족, 몬족, 까친족, 까야족까지 총 8개 주요민족이 있고 각 주요민족이 적게는 1개에서 많게는 33개 소수민족으로 세분화되는 식. 이들은 때로 서로를 밀고 밀어내며 복잡한 역사를 이어왔으나 18세기 버마족의 꼰바웅 왕조가 통일왕국을 건립한 이래 지배세력은 단연 버마족이었다(미얀마의 이전 국호인 '버마(Burma)'도 여기서 비롯했다).

그러나 1885년 미얀마가 영국의 식민지로 전락하고 영국이 이 곳에 '분할통치'를 도입하면서 권력지형에 변화가 생긴다. 분할통치란 말 그대로 민족을 서로 분리해 통치하되, 역사적으로 피지배 받아 온 소수민족을 지

❷❻ 미얀마 정부가 '공식적'으로 배제했으나 엄연히 미얀마에 살고 있는 민족들도 있다 – 로힝야족이 대표적이다. 또한 기준에 따라서는 최대 242개로 헤아리기도 한다. 중국이 겨우(?) 56개 민족으로 구성된데 비해 엄청난 숫자다.

배층 다수민족 위에 군림시켜 서로 이간질시킴으로써 궁극적으로는 민족들이 한데 뭉쳐 식민지배자에 대항하는 걸 방지하는 정책이다. 여기 이용된 대표적 소수민족이 바로 까렌족이다. 까렌족은 당시 선교사들로 인해 적잖은 수가 기독교로 개종**㉗**하며 빠르게 서구화했고, 영국은 이들 까렌족 기독교도들을 식민지 의회, 경찰, 군대, 하위행정직에 등용하여 다수파인 버마족 위 중간지배자 위치로 끌어올렸다. 기독교도 비중이 월등히 높은 까친족, 친족 역시 비슷한 루트를 밟았다. 당연히 이들은 친영국적 성향을 띠어 실제로 아웅 산 장군이 이끄는 버마족 주축의 독립운동이 일어났을 때 영국 편에 서서 싸우기도 했다. 버마족 입장에서는 그야말로 매국노인 셈(반면 소수민족 입장에서는 이야기가 조금 달라진다. 이들에겐 그간 버마족에 지배 받아온 거나 영국 지배를 받는 거나 똑같은 '피지배'였다 – 게다가 영국은 소수민족들에게는 제한적이나마 자치권을 부여했다. 즉, 버마족이 영국으로부터의 독립을 위해 일본을 끌어들였다면 까렌족은 버마로부터 독립하기 위해 영국에 의지했다고도 볼 수 있다).**㉘**

    이후 아웅 산의 미얀마 독립군이 승기를 잡고 영국이 물러서면서 상황은 다시 뒤집힌다. 사회 주류로 재부상한 버마족은 식민지배에 협조한 소

㉗ 까렌족의 15-25% 정도가 기독교도로 추정된다. 까렌족 구전신화에 따르면 하얀 얼굴을 한 사람이 황금의 책과 함께 돌아오면 고난에서 벗어날 수 있는데, 이것이 성경을 들고 포교하러 온 백인들과 상응하여 기독교를 쉽게 받아들였다는 주장이 있다. 출처: 광주일보, "가난과 핍박의 삶 '황금의 책'이 구원해줄 것이다".

2014년 3월 10일자, 김경인 기자

㉘ 영국은 버마족 지역은 직할통치하며 억압했지만 나머지 소수민족 지역은 일부 자치권을 허용해 간접통치 했다. 또한 영국은 미얀마 독립군과 전쟁을 벌일 때 까렌족 등 소수민족들의 지원군을 얻고자 자치권 나아가 독립까지 약속했었다 – 마지막엔 결국 아무 약속도 지키지 않았다.

수민족들을 역으로 억압하기 시작했다. 그러나 이들도 더 이상 순순히 있지 않았다. 분할통치를 거치면서 각 민족정체성이 강화된 데다 중간지배자 역할을 하며 쌓은 실력을 바탕으로 개별 독립국가 설립을 꿈꾸게 된 것. 마침 영국 총리와 아웅 산이 미얀마 독립을 약속하며 맺은 '애틀리-아웅 산 협정'에는 '각 소수민족들이 버마정부와 어떤 관계를 취할 지 의사를 표명할 수 있고 그 의사를 존중해야 한다'는 내용이 포함돼 예전처럼 버마족 우산 아래 무조건 통합되지 않을 근거도 있었다. 하지만 1947년 개최된 '빵롱회의'에서 아웅 산과 주요 소수민족 지도자들이 모여 갑론을박한 끝에 결과적으로는 '하나의 미얀마' - 중앙정부와 각 민족의 자치권이 병존하는 연방국가이자 단일국가가 1948년 성립된다.

그러나 애초에 빵롱회의는 소수민족 상당수가 배제된 채 진행돼 한계가 있었고,❷❾ 샨족과 까렌족 등은 10년 후 연방에 남을지 말지를 결정할 수 있는 '연방탈퇴권'을 보장받아 분란의 불씨도 남았다. 설상가상으로 소수민족들의 신뢰를 받던 아웅 산이 반대파에 암살당하고 뒤를 이은 우 누 수상은 그만한 정치적 구심점 역할을 해내지 못했다. 결국 식민지 독립 1년 만이자 연방국가 설립 1년 만인 1949년 까렌족이 독립국 성립을 선포하고 무장투쟁에 나선 것을 기점으로 독립을 막으려는 중앙정부와 독립하려는 각 소수민족들 간 길고 어지러운 내전이 시작됐다. 미얀마 내전은 70년 가까이 지난 지금도 여전히 현재진행형이며,❸⓿ 오늘날 까렌족 수십만 명이 국제난민 혹은 미얀마 정부군을 피해 정글 속으로 도망 다니는 '내부난민'

❷❾ 샨족, 까친족, 친족은 회의 당사자로서 참석했다. 까렌족은 옵서버로만 참석했으며 주요 소수민족인 몬족, 여카잉족 등은 아예 회의에서 배제됐다. 출처: Wikipedia 'Panglong Conference'

양곤 순환열차 전면에 래핑돼 있는 '미얀마Myanmar'라는 이름의 맥주 광고. "We Are One - 우리는 하나다"라는 카피도 보인다.
1988년 이른바 '랭군의 봄'이라는 짧은 민주화 진통기간 이후 재집권한 군부독재정권은 1989년 '버마'라는 국호가 민족 전체를 아우르지 못한다는 이유로 '미얀마'라고 개칭한다.
그러나 민주화세력과 서방국가들이 '미얀마'라는 명칭은 군부독재의 상징이라며 '버마' 국호를 고집하자, 군부는 1995년 외국 기업들과 합작해 세운 맥주회사의 상품 브랜드를 '미얀마'라고 정한 후 대대적으로 광고하며 맞불작전에 나섰다고. 실제로 미얀마 곳곳에 '미얀마' 맥주 브랜드 광고가 엄청나게 크게 또 많이 붙어 있는 걸 볼 수 있다.

이 됐다.

   민족 갈등만으로도 복잡한데 여기에 종교와 정치 상황까지 더해지면서 혼란은 가중된다. 내전이 지속되는 와중에 어느덧 국가수립 10년이 지

㉚ 2013년부터 테인 세인 대통령 정부가 반군단체와 휴전협정을 맺은 덕분에 어느 정도 안정을 회복하긴 했다. 하지만 반군단체 15개 가운데 8개만 서명해 불씨는 여전히 남았다. 이 때문에 협정 체결 후에도 무력분쟁이 곳곳에서 계속 벌어지고 있다. 출처: 중앙시사매거진 "[미얀마의 새로운 비극 '로힝야 사태'] 정부 탄압 피해 방글라데시로 탈출 러시", 2017년 12월 11일자, 채인택 기자

방글라데시 콕스 바자(Cox's Bazaar)의 미얀마 로힝야족 난민 캠프.
이미지 출처: Wikipedia Commons File: Cox's Bazaar Refugee Camp (8539828824) (저작권 오픈소스)

나 연방탈퇴권을 행사하려는 움직임마저 대두되자 우 누는 '하나의 미얀마'를 고수하기 위해 두 가지 조치를 취한다. 첫째는 1958년 군 최고 사령관 네 윈에게 전권을 위임하여 군부의 힘으로 국가 붕괴를 막아보려 한 것이고, 둘째는 1961년 분열된 국가 통합 방편으로 '불교 국교화(결국 국교화는 이뤄지지 않았으나 이후 미얀마 사회는 노골적으로 불교 중심으로 재편된다)'와 '불교식 사회주의(불교와 사회주의를 결합한 것)' 카드를 들고 나온 것. 그러나 이는 1962년 네 윈이 쿠데타로 민주주의를 종식시키고 군부독재정권을 세우는 빌미를 제공했으며, 버마족 및 불교를 믿는 소수민족들 - 즉 미얀마 인구의 90%는 한데 뭉치게 하고 나머지 10% '이교도' 소수민족들은 희생양 삼아 네 윈 독재정권을 합리화하는 근간이 됐다. 민족은 달라도 군부독재에는 한 목소리로 반대하던 이들마저 종교가 개입되자 하나 둘 틀어지기 시작했고 심지어 일부 불교도들은 '미얀마 불교 정체성을 수호'한다는 명분으로 군부를 지지하고 나선다. 이슬람교도 '로힝야족'의 고난도 이 때부터 본격화된다.

미얀마 내 많은 소수민족들이 정부군에 억압받고 있지만 로힝야족 수난사는 유엔이 '인종청소'로 규명할 정도로 지독하다. 네 윈 정부는 1978년 무슬림반군을 토벌한다는 명분 아래 로힝야족을 대거 체포해 이 때 20만여 명이 방글라데시로 대피했다. 1982년에는 시민법권 개정으로 '135개 미얀마 공식 인종'이 발표됐는데 로힝야족은 이 135개에 포함되지 않아 하루 아침에 불법체류자가 돼 국민으로서 기본권을 모두 박탈당하거나 2, 3등급 시민으로 전락했다.❸❶ 1988년 네 윈은 물러났지만 뒤이어 또 다시 집권한 군부는 1991년 로힝야족 25만여 명을 재차 몰아냈고, 로힝야족을 향한 미얀마 내부의 혐오 감정도 점점 커져 지난 2012년에는 여카잉족(아라칸족이라고도 한다. 여카잉(아라칸)주에서 로힝야족과 공존하고 있는 불교도 민족으로, 역사적

❸❶ 이 시민권법은 미얀마 국민을 '태생시민(Citizen)', '제휴시민(Associate Citizen)', '귀화시민(Naturalized Citizen)' 세 가지로 구분한다. 태생시민은 미얀마 정부가 인정하는 공식 종족 또는 1824년 이전부터 현재 미얀마 영토 안에 거주했던 조상을 둔 주민에게 부여되는 지위다. 로힝야는 공식 인정 종족에 포함되지 않으며 82년 시민권법에 따르면 귀화시민 정도로나 인정받을 수 있었다.

출처: 한겨레 "종교가 다른 죄? 버림받은 로힝야족" 2015년 5월 25일자 조기원 기자

으로 로힝야족과 갈등을 겪었다고 여겨진다 - 자세한 내용은 아래 참조)과 로힝야족의 충돌로 인해 로힝야족 2백여 명이 사망하고 10만여 명이 난민수용소에 격리되기도 했다. 그리고 2017년, 로힝야족 반군단체가 미얀마 정부에 항전을 선포하고 경찰초소를 급습하자 정부는 대규모 군대를 파견해 진압한다. 이때 수천 명의 로힝야족이 목숨을 잃고 65만여 명이 난민이 됐다. 로힝야족 인구 전체의 3분의 2 이상이라 추산된다.

그렇다면 로힝야족은 왜 유독 더 혹독하게 탄압당하는 걸까. 먼저 역사적인 이유를 드는데, 이 지점에서 서로 주장이 크게 엇갈리는 논란 두 가지가 나온다. 첫째는 로힝야족의 '출신성분'을 둘러싼 여러 가지 설이다. 일

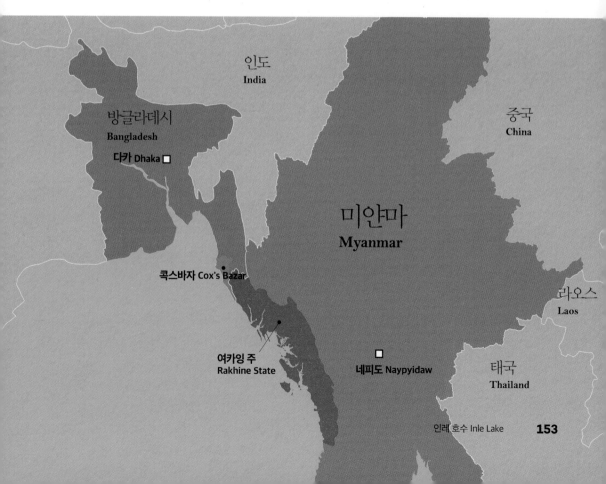

인레 호수 Inle Lake **153**

부에서는 1970년대 방글라데시 독립 전쟁 당시 넘어 온 무슬림 난민들이 스스로를 로힝야족이라 칭하며 이전엔 미얀마에 없던 민족개념을 새로이 '창작'해냈다고 말한다. 그러므로 로힝야는 미얀마 국민이 아니며 원래 살던 방글라데시로 쫓아 보내야 한다는 입장이다. 반면 로힝야족 선조가 8세기에 여카잉주(방글라데시와 일부 국경을 맞대고 있는 미얀마 서남부의 주. '아라칸주'라고도 한다)로 건너 온 무슬림이라고 주장하는 측에서는 이들이 예부터 미얀마 구성원인데도 역사왜곡으로 희생양이 되고 있다고 말한다. 한편 영국 식민지배 당시 여카잉주로 넘어 온 무슬림들이 로힝야족 선조라는 주장도 있다. 이 설은 로힝야족이 이미 백여 년 전 이 땅에 정착한 사람들이라고 인정하는 한편 두 번째 논란 - 로힝야족이 '식민지배 앞잡이'였는지 여부 - 을 불러일으킨다.

실제로 1885년 영국은 벵골지역(인도 동부 서벵골 주와 방글라데시 일대)에 살던 무슬림들을 여카잉주로 대거 이주시켰다. 토지는 비옥하나 인구 밀도가 낮았던 이 지역의 농업생산을 증대해 경제적 이익을 챙기려는 의도였는데 그 과정에서 원래 여기 살던 여카잉족은 땅을 잃어 첫 갈등의 불씨가 피어오른다. 그리고 이 무슬림들이 '영국을 대신해 버마족뿐 아니라 식민지배 저항운동을 하던 대다수 소수민족을 탄압하는데 앞장섰다'[32], '영국인의

32 일본이 미얀마를 장악한 동안 불교도들은 비교적 유하게 대했으나 이슬람교도는 무자비하게 탄압했다고 한다. 이에 영국은 일본으로부터 미얀마를 재탈환할 때 반일감정에 찬 로힝야족 의용군을 앞장세웠으며, 이들 의용군은 일본군에 협조적이던 불교도들을 학살하면서 골이 깊어졌다고 한다.잠재돼 있던 종교 갈등이 외세의 이해관계에 따라 부채질 당한 비극이다.

출처: 연합뉴스 "아웅산수치 "불법이민이 테러 퍼뜨려"...로힝야족 겨냥?"   2017년 11월 20일자, 김상훈

비호 아래 중간지배 계급으로 자리 잡고 고리대금업 등으로 가난한 토착민을 착취했다'는 주장이 있다. 이 '앞잡이 무슬림' 설을 지지하는 사람들은 그 자손인 로힝야족이 오늘날 탄압 받는 게 자업자득이라 믿는다. 하지만 '대부분이 농업 생산을 위해 강제로 이주된 농민이자 하층민이었으므로 앞잡이 노릇을 했다는 건 과장 혹은 왜곡'이라는 반론도 팽팽하다.❸❸

학자들끼리도 논쟁 중이라는데 나 따위 비전문가가 감히 로힝야족 출신성분이든 앞잡이 노릇이든 어느 쪽이 '역사적 팩트'인지 판가름할 수는 없다. 다만, 앞잡이 노릇에 따른 반감으로 로힝야족을 박해한다는 입장에는 쉬이 공감하기 힘들다. 그렇다면 왜 까렌족, 까친족, 친족보다 유독 로힝야족에게 더 가혹한가(물론 이들도 엄청나게 핍박 받으나 '아직' '인종청소' 수준은 아니다). 원주민들이 땅을 빼앗긴 것 역시 애당초 로힝야족이 원해서 이주하여 적극적으로 토지약탈에 일조한 게 아니라면 덮어놓고 비난하기 어렵다. 그리고 설혹 로힝야족 일부가 앞잡이 노릇을 했을지언정 백여 년이 지난 지금 민족 후손 전체에 '연좌제'를 적용하는 걸 합리화해서는 안 된다.

보다 명백한 이유는 '무슬림'에 대한 반감이다. 지리적으로 또 역사적으로 미얀마 불교는 서쪽과 남쪽에서 밀고 들어오는 이슬람 세력 팽창의 최후 저지선이었다. 이렇듯 내재돼 있던 무슬림에 대한 부정적 인식은

❸❸ 한편, 로힝야족의 선조가 영국령 버마가 영국령 인도제국으로부터 분리되기 전인 19세기 초까지 이주해 온 인도계 주민이라는 주장도 있다. 이들은 대부분 하위 행정관료, 경찰, 군인, 대부업자 등 이른바 '중간지배자'였으므로 식민착취에 일조했을 수 있다. 하지만 이들 중 상당수가 일본의 식민지배 시기 인도로 귀환했고 또 1962년 상당수가 추방됐다고 한다. 출처: 미얀마 종족갈등의 연대기: 좌절된 민주주의와 실패한 종족공동체, 한국외국어대학교 국제지역연구센터, 2014년 4월 30일, 홍재우, 국제지역연구 제18권 제1호

BBC 기사에서 로힝야족 문제를 다루면서 '로힝야족'을 포함시킨 미얀마 민족 구성 지도 이미지를 올리자, '로힝야족은 미얀마 민족이 아니다'라고 주장하는 사람들이 로힝야족에 X표를 해 페이스북에 사진을 올렸다. 이미지 출처: new mandala, 'BBC under fire on Rohingyas', Sai Latt, 2011년 11월 3일

1960년대 이후 전면적인 불교중심 정책에 힘입어 고조되었고, 2001년 아프가니스탄에서 무슬림 탈레반이 바미얀 석불을 파괴하는 것을 보면서 혐오감으로 치달았다. 알 카에다, IS가 로힝야족에 숨어드는 것 아니냐는 등 이슬라모포비아는 갈수록 강화된다. 게다가 로힝야족은 많은 자녀를 장려하는 이슬람 문화 특성 상 출산율이 높다. 어느덧 로힝야족은 '인구잠식'으로 '불교국가 미얀마'의 '정체성'을 뒤흔들 수 있는 '공공의 적'으로 자리매김했다.

　　종교의 이름으로 포용하고 종교의 이름으로 배척한다. 일개 스쳐 지나가는 외국인인 나에게도 그토록 '자비'로웠던 이 나라가 무슬림에 대해서는 이다지도 혹독하다. 그러나 제3자가 외부에서 함부로 왈가왈부하기란 참 어렵다. 그저, 인상 깊게 읽었던 기사 한 구절을 인용하고 싶다. "배타성은 인간의 자연스러운 특질 중 하나이자, 내가 나일 수 있는 동일성의 조건이다. 그러나 배타성이 배타주의가 되면, 개인과 집단은 타자의 고통을 외면하고 심지어 타자의 존재를 지우려 든다. 주로 외국인을 향하지만, 동질 집단 내부에서도 나타난다. 대표적 사례가 매카시즘, '빨갱이 혐오'다."❸❹

좀 더 직접적인 정치경제적 이유를 짚기도 한다. 먼저, 아웅 산 장군의 딸이자 미얀마 민주화 운동의 상징 '아웅 산 수 지' 국가자문역이 2015년 마침내 실권자로 등극하면서 민주정부가 시작됐지만 여전히 군부가 군대와 중앙경찰을 지휘하고 있는 상황을 이해해야 한다는 것. 군부세력으로부터 정권을 지켜내려면 국민의 90%에 육박하는 불교도들의 지지를 얻어야만 하는 만큼 불교도들이 불편하게 여기는 로힝야족 문제에 아직은 한쪽 눈을 감을 수밖에 없다는 주장이다.❸❺ 만일 그게 사실이라면 '대의'를 위해 나머지 10%를 '불가피'하게 희생시키는데 동의한다는 건데... 군부가 1960년대 이래 '일부' 소수민족을 제물 삼아 정권을 연장해 온 것과 오십보백보 아닌지, 그럼 독재정부와 민주정부가 대체 무슨 차이인지 조금 갸우뚱하다. 내가 녹록치 않은 '현실'을 두고서 너무 '이상론'을 들이대는 걸까.

로힝야족 탄압 이면에 경제적 이해관계가 얽힌데 주목하는 사람들은 1990년대부터 군부정권과 퇴역군인 등이 미얀마 전국에서 '개발' 프로젝트 미명 하에 농민과 소지주들, 특히 소수민족들로부터 땅을 몰수하거나 강제로 헐값에 수용한 뒤 개발이익을 권력자와 소수기업이 나눴다고 말한다. 더구나 여카잉주의 경우 중국, 인도, 방글라데시 등의 전략적 요충지인 탓에 중국과 인도의 송유관 건설공사와 석유 및 가스 개발, 도로건설 등 굵

❸❹ 한겨레21 "좌절한 대중이 찾은 상상의 적" 제1218호, 박권일
❸❺ 출처: 여성신문 "미얀마의 수준 높은 정신문화에 매료됐죠" 2018년 5월 8일자, 진주원 기자

요게쉬 바브(Yogesh Barve) <설명은 때로 상상을 제한한다 Ⅱ>, 국립현대미술관 서울관 '2018 아시아 기획전 <당신은 몰랐던 이야기>' 전시

전시설명에는 이렇게 적혀있다. "지금 우리가 살고 있는 이 세상에는 과연 몇 개의 국가들이 존재할까? 이 작품에서 작가는 가능한 모든 국가의 국기들을 모아, 그것들을 씨실과 날실로 해체한다. 특정한 이미지와 모양을 통해 규정된 국기들은 마치 절대불변의 정체성과 고유의 전통적 가치를 지니는 듯 보이지만, 그것들이 씨실과 날실로 해체된다면 국기를 이루고 있는 색실들의 모습은 서로 크게 다르지 않음을 알게 된다. 해체된 국기들 사이 흐려진 경계선은 각 국가의 절대적 가치와 전통, 정체성의 실체에 도전한다."

직한 사업들이 진행되고 있다는 것. 더욱 의심스러운 정황은, 미얀마가 2011년부터 정치·경제 개혁을 내걸고 외국인 투자에 문을 열었는데 외국인 자본 투자 허용 이듬해인 2012년부터 로힝야족에 대한 정부군과 불교도의 공격이 급증하기 시작했다고 한다.㊱

까렌족에서부터 로힝야족까지. 민족과 종교, 정치와 역사, 그리고 경제 문제까지. 너무나 복잡하게 꼬여 있고 파면 팔수록 암담하다. 워낙 복합적인 문제라 솔직히 내가 과연 사실관계를 제대로 파악했는지조차 확신이 없다. 여기에 해답은 있을까? 국제사회가 다들 성토는 하지만 선뜻 나서지는 않고❸❼ 아웅 산 수 지 정부는 내내 외면하고 있다. 악역을 만들어내 진짜 악은 가려버리는 지난 독재정권의 전략이 여전히 유효하여 미얀마 내부에서 제동을 거는 목소리는 낮다. 그러는 동안 수십 만의 사람들이 속절없이 '희생'된다. '희생'이라는 추상적 단어 아래 뭉뚱그려진 실상은 연령과 성별을 가리지 않는 민간인 대량학살과 암매장, 고문, 방화, 성폭행, 강제노동, 인신매매, 식량 압수로 인한 굶주림, 의약품 부족에 따른 질병이다. 혹 '희생'을 피해 간신히 탈출하더라도 난민 인정을 받지 못하면 미얀마로 송환돼 다시 핍박받거나, 어느 나라 슬럼가에 몰래 정착해 사회 최하층 무국적자가 되거나, 바다를 기약 없이 떠도는 보트피플이 된다. 비극이다.

❸❻ 출처: 연합뉴스 "'로힝야족 비극'에 한국 등 외국 대기업은 관계없나?" 2017년 9월 18일, 최병국 기자

❸❼ 정치학적으로나 외교적으로나 또 경제적으로 큰 유익이 없는 데다 이 문제에 깊이 관여하게 될 때에 난민 구호에 많은 경제적 지원과 함께 부담을 가져야 하기 때문으로 짐작된다. 출처: 노컷뉴스 'CCA는 왜 로힝야족 문제 외면할까' 2018년 4월 11일 박성석 기자

주요 참고 콘텐츠:

- 미얀마 종족갈등의 연대기: 좌절된 민주주의와 실패한 종족공동체, 한국외국어대학교 국제지역연구센터, 2014년 4월 30일, 홍재우, 국제지역연구 제18권 제1호
- 한국국방연구원 홈페이지 '미얀마 내분' 항목
- 신동아 "아웅산 수지 영욕의 30년", 2018년 2월 4일자, 신승현
- 중앙시사매거진 "[미얀마의 새로운 비극 '로힝야 사태'] 정부 탄압 피해 방글라데시로 탈출 러시", 2017년 12월 11일자, 채인택
- 연합뉴스 "아웅산수치 "불법이민이 테러 퍼뜨려"...로힝야족 겨냥?" 2017년 11월 20일자, 김상훈
- 천지일보 '로힝야족' 세계에서 가장 박해받는 소수민족, 2017년 9월 25일자, 박준성
- CNN "How Myanmar's Buddhists actually feel about the Rohingya" 2017년 9월 20일, Katie Hunt
- 한국경제 "[글로벌 리포트] 학살 피해 미얀마 탈출하는 로힝야족…무슬림 탄압에 들끓는 이슬람권" 2017년 9월 11일
- 서울경제 [글로벌 Why]미얀마 인종청소 민낯은 서양 제국주의가 남긴 깊은 상처다, 2017년 9월 8일자, 변재현
- 프레시안 "독립 영웅의 꿈 '백인 여성의 목을 일본도로…'", 2016년 3월 22일자, 이병한 역사학자
- 한겨레 "종교가 다른 죄? 버림받은 로힝야족", 2015년 5월 25일자, 조기원
- Wikipedia: 'Panglong Conference', 'List of ethnic groups in Myanmar', 'Myanmar', 'Rohingya People', 'Karen People'
- Aung San-Atlee Agreement

비욘드 랭군,
애프터 히어로

현재 미얀마 집권여당인 민주주의민족동맹(National League for Democracy, NLD) 입간판. 아웅 산 장군과 아웅 산 수 지 국가자
문역의 사진이 나란히 배치돼 있다. 아웅 산 장군이라는 인물의 여전한 파급력을 짐작할 수 있다.

　까렌족과 로힝야족 문제를 알아보겠답시고 미얀마 현대사를 뒤적이다 보니 까맣게 잊고 있던 이 나라에 대한 옛 기억 한 조각이 되살아났다. 아주 오래 전 TV에서 본, 80년대 후반 일어난 미얀마 민주화운동을 배경으로 한 비욘드 랭군(Beyond Rangoon, 1995년 작)이라는 할리우드 영화다. 반갑기도 하고 줄거리도 가물가물해서 다시 구해다 봤다. 한 미국인 의사가 동양의 낯선 여행지를 찾아 미얀마로 왔다가 우연히 민주화운동 역사 한복판으로 휩쓸리고 군부독재 아래 신음하는 이 곳의 현실을 몸소 겪으며 각성한다는 내용이다.

　평을 찾아보니 영화 속 오리엔탈리즘적 요소에 대한 비판이 눈에 띈다. 아닌 게 아니라 치열한 현장감보다는 낭만적 느낌 위주로 묘사되는 시위 현장, '동양의 현자'스러운 현지인 캐릭터, 붓다의 가르침으로 마음의 상처를 회복한다는 식의 전개가 퍽 노골적이라 같은 동양인으로서 보기에 좀 아니꼬웠다(무조건 똑같이 대입할 수는 없겠지만 입장을 바꿔 광주 민주화운동을 외부에서 이런 식으로 그렸다면... 엄청 분노했을 거다). 요새 개봉했더라면 아마 욕을 꽤 먹었겠지. 하지만 당시에는 비판보다는 서구사회에 '미지의 땅' 미얀마의 현실을 널리 알린 공로로 칭찬을 훨씬 더 많이 받은 모양이다. 상업적으로는 그다지 성공적이지 않았지만 칸 영화제 본선에도 진출했다고.

가장 인상적인 장면은 영화 초중반부 3~4분 남짓 나오는 아 웅 산 수 지 ❸(로 분한 배우)의 짧은 등장이다. 민주화 시위대와 무장한 정부군이 대치하는 가운데 가녀린 아 웅 산 수 지가 분홍색 전통의상을 입고 머리에는 꽃을 꽂고서 총구를 들이대는 군인들과 맨몸으로 맞선다. 그의 카리스마 넘치는 눈빛을 마주하던 군인들은 총부리를 덜덜 떨다가 물러서고 만다. "히어로물에도 차마 못 나올 민망한 연출을 했네", "신비로운 카리스마라니 동양뽕이 심하게 찼네"라며 낄낄 비웃었는데 알고 보니 실화 근간이래서 머쓱해졌다.❸ 국부이자 군사정권 정당성의 근거이기도 한 '아웅 산 장군'의 딸을 감히 함부로 할 수 없었기에 벌어진 상황이라고 한다(다만 구체적 정황이 어느 정도나 영화적으로 각색 되었는지는 모르겠다).

'아 웅 산 장군의 딸'. 애초에 미얀마 바깥에서 주부로서 학자로서 평범한 삶을 살던 아 웅 산 수 지가 갑작스레 민주화운동 리더로 추대된 것부터

❸ 미얀마의 정치인. 1945년 아웅 산 장군의 딸로 태어나 15살에 고국을 떠난 이래 30년 가까이 해외에 체류하며 미얀마 국정과 거리가 먼 평범한 삶을 살았다. 그러나 1988년 4월 어머니를 간병하려 처음 미얀마로 돌아온 후 그 해 8월 8888항쟁을 계기로 민주화운동 리더로서 정치활동을 시작했다. 1989년부터 2010년까지 군부에 의해 반복적으로 가택연금을 당했으며 1991년 노벨평화상을 수상했다. 2015년 총선에서 압승해 민주화정권을 열었고 직계가족이 외국 국적인 경우(남편이 영국인이었고 두 아들도 현재 영국 국적이다) 대통령이 될 수 없다는 (군부가 꼼수를 부린) 헌법 조항 때문에 대통령에 오르지는 못했으나 '국가자문역'이라는 초헌법적 자리에 올라 실질적 대통령직을 수행하고 있다.

❸ 출처: FILM REVIEW; Sad Tourist Trapped In Burma, CARYN JAMES, The New York Times, 1995

아웅 산과 아웅 산 수 지의 초상. 이미지 출처: Wikipedia Commons File:Aung San color portrait.jpg, File:Aung San Suu Kyi (December 2011).jpg (저작권 오픈소스)

가 결국 이 상징적인 위치 때문이다. 아버지의 뒤를 이어 군부의 잘못을 꾸짖고 정국을 수습할 그의 출현에 국민들은 열광했다. 국제사회 역시 열렬한 지지를 보내며 노벨평화상을 비롯해 수많은 인권상을 수여했다. '시대의 부름'을 외면할 수 없었던 영웅 탄생의 시발점이다.

영화 맨 마지막에는 아웅 산 수 지의 사진과 함께 자막이 뜬다. '수천의 버마인들이 민주항쟁 탄압으로 대학살을 당했다. 70만 명 이상이 조국에서 탈출했고 2백만 명 이상이 집을 떠나 먼 밀림으로 몸을 숨겼다. 군부는 아웅 산 수 지를 가택연금 했고 1990년 선거에서 그가 압도적 승리를 거뒀음에도 권력양도를 거부했다. 그는 1991년 노벨평화상을 수상했으며, 오늘

날까지 사람들의 마지막 희망으로 남아 있다'. 글쎄... 지금은 영화가 나왔던 20여 년 전과 상황이 많이 달라졌다. 아웅 산 수 지가 2015년 마침내 독재정권에 종지부를 찍고 민주화정부 수장이 됐으며, '마지막 희망'으로 추앙받던 그에게 이제 국제사회의 맹비난이 쏟아지고 있다. 미얀마 군부의 로힝야족 인종청소를 방관한다는 이유다. "그 자신이 대표적인 인권탄압 피해자였으면서 어떻게 로힝야 사태를 못 본 체 할 수 있나"며 노벨평화상을 회수하라는 목소리도 높다. 실제로 그가 수상한 다른 인권상들은 여럿 취소된 상태다.

영웅 한 명이 모든 갈등을 단숨에 해결하고 정의 사회를 이룩한다는 식의 히어로물 스토리가 실제로도 구현되면 얼마나 좋을까. 그게 불가능하다는 걸 알면서도 우리는 '제3세계'의 정치문제에 대응할 때 대개 지도자 한 명을 집어내 어려움을 모두 타파할 '구세주'로 선전하는데 익숙하다. "그런 사람 한 명만 있으면 기본적으로 그 나라와 주변에서 일어나는 문제는 그 사람에게 맡겨놓고 우리는 산더미 같이 쌓인 다른 문제를 걱정하는데 시간을 쓸 수 있게 되니까요"❹ 복잡한 정치지형, 역사적 맥락, 사회경제적 배경을 두루 고민하며 장기적으로 또 지속적으로 관심을 쏟을 필요 없는, 가장 손쉬운 방법이다.

"아웅 산 수 지를 미얀마의 문제를 일시에 전부 해결해줄 대단한 존재로 여기다 보니 세상이 점점 그녀의 도덕적 정당성이나 용기에만 주목하

---

❹ ❹ 출처: 뉴스페퍼민트 "우리가 알던 민주화의 영웅 아웅산 수지는 어디로 갔나?" 2017년 11월 4일 (뉴욕타임즈 "Did the World Get Aung San Suu Kyi Wrong?" 번역기사)

게 되고, 그러다 보니 그녀가 대변하는 실제 정치력보다도 자꾸 더 큰 무언가를 기대하게 된다 (중략) 아웅 산 수 지가 추락하게 된다면, 여기에는 그녀를 이토록 높은 곳까지 밀어 올리고 추켜세운 국제사회의 책임도 크다."❹ '영웅' 아웅 산 수 지에게 섣불리 '배신감'을 느끼거나 '기대'를 걸기 이전에 여기까지 상황을 몰고 온 '보이지 않는 손'을 먼저 찾아보게 되는 대목이다.

미얀 미얀
미얀마

05

_____

만달레이 & 몽유와

Mandalay & Monywa

_____

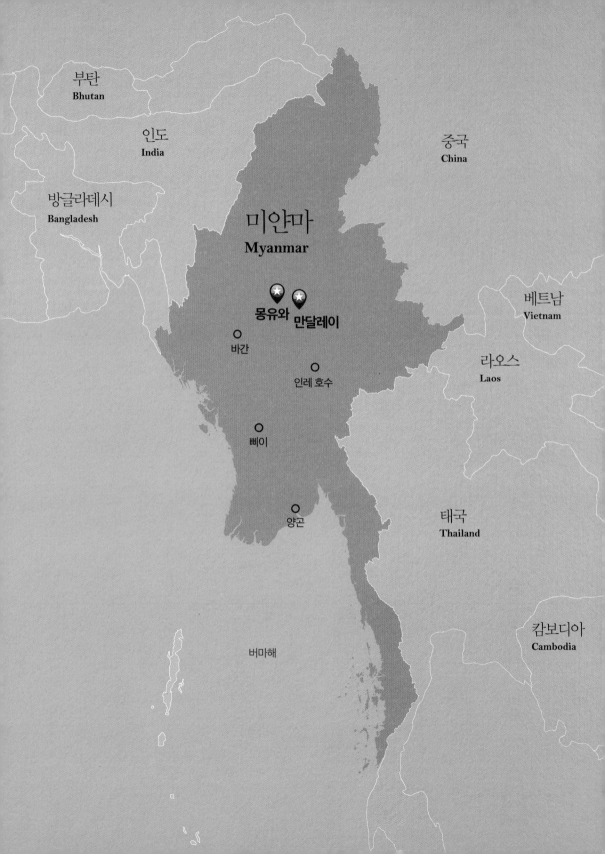

크고, 높고, 많고,
가난한 부처님들

우베인 다리 일출 photo by Michael Pohlmann

일출 시간 우베인 다리를 건너는 스님들

　미얀마 제2의 도시이자 문화의 중심지 그리고 미얀마 왕국시대 최후의 수도라는데. 어쩐지 만달레이에서는 내내 시들했다. 여행 후반부에 오는 권태기인가 한다. 바간에서 이미 해돋이 해넘이를 주구장창 봐서인지 그 유명한 우베인 다리❷ 일출일몰도 별 감흥이 없다. 여기든 저기든 해 뜨고 지는 모양새야 똑같지 뭘. 사원도 궁전도 여태 본 것이랑 뭐 그리 다를까 싶어 아예 돌아다닐 생각을 안했다. 비슷한 대상, 비슷한 상황 가운데서도 다른 점을 찾아내고 개별성을 부여하는 눈은 무릇 지식과 관심에서 비롯할 진데, 지식이야 원체 없고 관심은 이전만 못하니 모든 게 다 '거기서 거기'로만 보이는 지경에 이르는 것도 당연지사.

　어찌하면 활력을 되찾을까 고민하다가 똑같이 만달레이를 지루해하는

❷ 현존하는 세계 최장 목조다리로 그 길이가 1.2㎞에 달하며 도보전용이다. 물속에서도 썩지 않는 티크 나무로 만들어졌다.

만달레이는 지리적으로 중국과 가까워 화교가 많고 최근 그 인구가 이전에 비해 훨씬 더 늘어났다고 한다. 시장에서도 중국 새해 맞이 용품을 파는 가게를 흔히 발견할 수 있었다.

다른 여행자와 함께 근처 도시 '몽유와'로 잠깐 바람을 쐬고 오기로 한다. 버스터미널에 가서 표를 끊고 나니 시간이 남는지라 "시장에서 과일이나 좀 살까?" 제안해 지도앱에 가장 가까운 마켓을 찍는다. 시키는 대로 따라 갔으나 전혀 예상치 못한 장소와 맞닥뜨렸다. 빈민가였다. 거대한 오물더미 위로 선 마을. 무너지지 않는 게 용한 가옥들을 배경으로 쓰레기가 뒤섞인 진창을 낡은 신발로 또 맨발로 밟고 돌아다니던 깡마른 사람들과 아이들과 개들이 잘못 찾아 든 외국인들을 일제히 쳐다본다. 코를 훅 찌르는 역한 냄새에 혹 눈살이 찌푸려지지 않게 표정관리를 한다. 어떡하지. 지금이라도 뒷걸음질 쳐 나가는 게 예의이려나 아니면 아무렇지 않게 뚫고 지나가는 게 예의이려나. 어느 쪽이 덜 '위험'하려나 - 혹시 강도라도 당하는 건 아닌지. 나 혼자였다면 주춤주춤 물러섰을 텐데 동행이 있어 마음에 여유가 생겨서일까, 쳐다보는 눈길에 '적의'는 없는 거 같다는 판단이 섰다. 그래, 그동안 우리처럼 실수로 들른 관광객들이 한둘이었겠어.

조심스레 걸음을 뗀다. '가난'을 '관광'하러 온 치들이 아니라는 걸 보여주기 위해 두리번거리지 않고 최대한 앞만 쳐다본다. 하나뿐인 길이 반쯤 내려앉은 지붕 아래 어둑한 곳으로 이어진다. 내키지 않지만 하릴없이 발을 들인다. 지도앱이 틀리지는 않았구나 - 여기는 '마켓'이었다. 내가 사려던 과일과 더불어 생선, 이런저런 먹을거리, 장난감이 은은한 악취와 함께 좁고 컴컴한 골목 양쪽으로 진열돼있다. 하지만 감히 사 갈 생각은 못한다. 공간이 협소하니 사람들과 눈을 마주칠 수밖에 없다. 헬로, 하고 서로 화답하거나 간단히 눈웃음을 주고받는다. 아이들은 개구지게 웃으며 쳐다본다. 미얀마 여느 곳과 다를 게 없네 - 여기서 험한 일 당하지는 않겠구나. 처음 바짝 긴장하고 경계했던 게 서서히 이완되면서 그 자리엔 아무 짝에도 쓸모없을, 얄팍하기 그지없는, 외부인이 상대적 우월감에서 휘두르는 어떤 형태의 감정이 반사적으로 차오르기 시작한다. 왜 누군가는 '이런' 환경에서 살아가야 하나?

이유 없는 현상은 없다. 가난이 발생하기까지 개인적인 조건부터 사회구조적 조건까지 여러 가지가 얽혔을 테고, 그것들을 하나하나 풀어나가다 보면 언젠가는 종식도 될 텐데. 말이야 쉽지 유사 이래 한 번도 해결된 적 없는 난제다. 그래서 당장 빈곤을 목격하고 있는 나의 '불편한' 마음을 빠르게 해소하려면 그런 '복잡한' 논쟁에 뛰어들기 보다는 손쉽게 누군가를 탓하는 게 효과적이다. 가장 만만한 건 대답 없는 신이다 - '이런' 모습을 지켜보고만 있는 거냐고. 마켓 골목을 벗어나자 이번엔 수면을 빈 틈 없이 채운 쓰레기가 유유히 흐르는 개천과 마주친다. 지도앱을 다시 확인해 보니 이 개천은 지척에 있는 '미얀마의 젖줄' 이라와디강❹❸으로 바로 이어지는 지류다. '젖줄'도 이 곳에서는 젖줄이 아니구나... 썩은 내가 진동하는 물가를 따라 걸으며 참 잔인하시네요, 하고 혼잣말로 푸념한다. 어느덧 번화한 큰 길로 나온다. 고작 한 골목 비꼈을 뿐인데 전혀 다른 세상이다.

서너 시간 버스를 달려 도착한 몽유와는 세계에서 가장 많은 불상을 모신 사원(탄보데 사원), 세계에서 가장 큰 입불상과 와불상(보디 타타웅 사원)으로 유명하다. 탄보데 사원에는 부처님이 세상 곳곳에서 빠짐없이 소원을 들어주기를 바라는 마음에 서민들이 하나 둘 보시해 모신 불상이 무려 60만 개에 육박하는데 지금도 그 수는 계속 늘어나고 있다.❹❹ 보디 타타웅 사원에는 길이 100m 가량의 와불❹❺과 높이 130m 가량의 입불이 눕고 서 있는데, 여기엔 부처님이 편안히 휴식하며 우리 곁에 오래오래 머물고 또 더 높이서 두루두루 굽어보면서 중생들의 어려움을 가까이 살피시길 바라는 간절함이 담겨 있을 테다.

삶이 어려울수록 종교에서 희망을 찾는다는데. 유달리 크고, 높고, 많은

---

❹❸ 히말라야 산맥 남단에서 발원해 미얀마 북쪽에서부터 남쪽까지 관통하는 강. 미얀마 역사적, 경제적, 문화적 중심으로 기능해왔다.

❹❹ 불상을 많이 만들어 모시는 것은 불교에서 말하는 '천불화현의 기적' - 부처님이 망고 하나를 먹고 그 씨앗을 땅에 심자 순식간에 망고나무 한 그루가 자라나 망고 열매가 주렁주렁 열리고 그 열매 하나하나가 부처님으로 바뀐 기적 - 에서 비롯된 전통이기도 하다.

❹❺ 와불상은 부처님의 열반 하루 전 휴식을 취하는 모습을 표현한 '휴식상'과 부처님이 돌아가실 때의 모습을 표현한 '열반상'으로 나뉜다. 보디 타타웅의 와불은 휴식상이라고 한다.

탄보데 사원 외부. 멀리서 볼 때는 기둥의 무늬인 줄 알았는데 가까이 가니 기둥 틈을 촘촘히 메운 게 모두 작은 불상들이다.

photo by Michael Pohlmann

여기 이 부처님들은 고되고 지독한 현실의 반증인가. 지나쳐 온 만달레이 빈민가가 떠오른다. 부처님이 아닌 다른 신을 섬긴다는 이유로 '자비'를 얻지 못하는 나머지 10% 소수민족들 이야기도 겹친다. 불교든 회교든 기독교든 무슨 종교가 되었든 간에, 그것이 각기 약속하는 구원이 한시바삐 모두에게 도래하기를 기도한다.

보디 타타웅 사원의 입불과 와불. 인터넷에서 '웃짤'로 돌아다니기도 하는 그 불상 맞다.
photo by Michael Pohlmann

너를 알게 돼서 기뻐,
미얀마

<내가 정말 알아야 할 모든 것은 유치원에서 배웠다>라는 책이 있다. 그 제목 말마따나 미얀마까지 갔다 와서 새삼 배운 건 뭇 유치원생도 알 법한 단순한 진리 같다. 바로, '내가 기분 나쁜 걸 남에게 하지 않기' - 즉, '공감'이다. 외국인이 한국을 여행할 때 이래줬으면 좋겠다 싶은 걸 내가 다른 나라 여행할 때 그대로 지키는 것. 현지 사람들이 소중하게 여기는 걸 똑같이 소중히 여기고, 자의적인 기준으로 함부로 판단하거나 겉만 보고 업신여기지 않고, 가능하다면 현지에 깊숙이 어울리며 즐거운 추억을 쌓아가기.

비슷한 맥락에서 이 글에는 사람들 얼굴이 부각되는 사진은 최소한만 넣기로 마음먹는다. '그게 나였다면' 하고 다시 생각해보게 된 까닭이다. 소위 '선진국'에 여행을 갔더라면 과연 내가 이처럼 쉽게 사람들 코앞에 카메라를 들이댔을까. 찍는데 동의했더라도 그걸 온라인에나 인쇄물로 남긴다고 한다면 또 다른 얘기 아닐까. 나였다면, 그 모든 상황이 썩 유쾌하지 않을 거 같다.

잠들어 있던 내 공감능력을 깨워 '남들도 똑같이 기분 나쁠 텐데'라고 생각해보게끔 도와 준, 여행에서 마주친 모든 '남들'에게 감사한다. 그 '남들'이 아낌없이 베푸는 호의를 입으면서 비로소 '경제적으로 값싼' 여행지를 '전체적으로 값싸게' 취급하던 나의 태도를 돌아볼 수 있었다. 그 '남들'과 교류하며 낯선 문화에 호기심을 품고 감탄하는 이면에 우월한 관찰자로서 대상을 응시하는 나의 오리엔탈리즘적 시선을 발견할 수 있었다. 그 만남들이 없었더라면 '쉬려고 여행 왔는데 피곤하게시리 '그런 데'까지 신경 써야 해?' 하고 모든 걸 무감각하게 흘려보내고 말았을 테다.

'그런가보다'하고 건성건성 넘어가거나 '내가 상관할 바는 아니지'하며 쉬이 고개 돌릴 일에 어느 순간부터 왜 그런 거냐며 궁금해 하고 자꾸 참견하려 든다. 미얀마를 제대로 공부한 전문가도, 미얀마에 십 수 년 거주해 본 적도, 미얀마를 종단횡단하며 두루두루 살핀 사람도 아닌 주제에 감히 이 나라에 대한 어떤 이야기를 보태보는 것도 결국 그 때문인 거 같다. "이젠 마냥 남 얘기 같지만은 않아져서".

좋은 친구를 사귄 기분이다. 너를 알게 돼서 기뻐, 미얀마. 언젠가 우리 꼭 다시 만나.

마지막으로 늘 믿고 기다려주시는 부모님, 격려이자 원동력인 오스람 식구들, 멋진 사진을 쓰게 해준 Michael, 출간 기회를 주신 주류성에 감사하다는 말씀 드리고 싶다.

photo by Michael Pohlmann

지은이 | 노나리

펴낸이 | 최병식

펴낸날 | 2019년 3월 18일

펴낸곳 | 주류성출판사

주소 | 서울특별시 서초구 강남대로 435(서초동 1305-5) 주류성빌딩 15층

전화 | 02-3481-1024(대표전화) 팩스 | 02-3482-0656

홈페이지 | www.juluesung.co.kr

값 14,000원

잘못된 책은 교환해 드립니다.

ISBN 978-89-6246-389-7 03980